PIERRES
ET MÉTAUX

PAR

ARTHUR MANGIN

ILLUSTRATION

PAR CLERGET, YAN'DARGENT ET GERLIER

TOURS

ALFRED MAME ET FILS, ÉDITEURS

M DCCC LXXI

PIERRES ET MÉTAUX

Extraction du minerai de fer.

PIERRES ET MÉTAUX

INTRODUCTION

Nous commencerons, s'il vous plaît, lecteur, par quelques définitions. J'ai appris à les aimer fort jeune, alors que j'étudiais mes rudiments. Le goût m'en est venu par la satisfaction que j'éprouvais chaque fois qu'une bonne définition bien claire, bien complète m'était donnée. Je sentais que la somme de mes connaissances s'était accrue, que j'avais fait une bonne et solide acquisition, et j'étais tout fier et tout aise de savoir au juste ce que c'était que telle chose, dont auparavant je n'avais qu'une idée confuse.

Je ne saurais dire, par exemple, quelle fut ma joie, lorsque je lus, pour la première fois, dans la *Géométrie* de Legendre, je crois, la définition du cercle : « Une courbe fermée, dont tous les points sont également distants d'un point intérieur appelé centre. »

Je savais auparavant ce que c'était que le cercle, et

je ne l'aurais confondu ni avec un carré, ni avec un triangle, ni avec un polygone de huit ou dix côtés, ni même avec une ellipse; mais j'avais cherché vainement à me rendre compte des propriétés spéciales de cette figure, — à la définir. Je m'étais bien dit que c'était « une figure ronde, » — « une figure qui n'a ni bosses, ni angles, ni creux; » — mais tout cela ne me contentait point; au lieu que la définition de Legendre satisfaisait entièrement mon esprit, ne lui laissait plus rien à désirer. — C'est bien cela! me disais-je en me frottant les mains : — Une courbe fermée, — sans interruption, sans solution de continuité; — une courbe dont tous les points sont également distants du centre; — et, du même coup, le centre se trouve aussi défini. C'est parfait! c'est merveilleux!

Volontiers je me fusse élancé dans les corridors et dans les cours du collége, en criant, comme Archimède : Je l'ai trouvé!

Belle et bonne chose qu'une définition! Et puis, notez qu'une définition en suppose ou en appelle une autre. Car souvent les termes qu'on y emploie ont dû ou devront être définis, sous peine d'obscurité; et après avoir défini l'ensemble ou le principal, on est conduit forcément à définir les parties ou les accessoires; en sorte qu'on ne peut rester en chemin; que, satisfait de ce qu'on vient d'apprendre, on aspire à apprendre encore, et qu'en somme on devient presque savant sans y être sollicité autrement que par la curiosité la plus banale. Car toute science a pour bases un certain nombre de définitions, lesquelles une fois en notre possession, le reste va tout seul.

C'est de PIERRES et de MÉTAUX que nous voulons parler. Définissons donc les pierres et les métaux.

En ce qui concerne les premières, nous allons rencontrer quelques difficultés; car le mot *pierre* est une expression assez vague et très-peu scientifique. Vulgairement on donne ce nom à tout corps dur et pesant, de nature minérale indéterminée. Pour beaucoup de gens, pierre est à peu près synonyme de caillou; seulement le premier nom a plus d'extension que le second, celui-ci désignant de préférence une petite pierre. Quoi qu'il en soit, rien ne s'oppose à ce que nous acceptions provisoirement la définition toute populaire que je viens de donner, sauf à la compléter et à la préciser ultérieurement. Mais comme, en toute étude, il faut toujours procéder méthodiquement et passer du connu à l'inconnu, du simple au composé, commençons par définir les métaux : il nous sera plus facile ensuite de nous faire une idée nette de ce que nous devons entendre par *pierres*.

Nous dirons donc d'abord que les métaux sont des corps simples ou élémentaires, — ou du moins réputés tels.

Mais qu'est-ce qu'un corps simple? Nouvelle définition à donner, qui exige quelques explications, et nous oblige à recourir aux notions fondamentales de la chimie, laquelle est, comme on sait, la branche des sciences physiques qui s'occupe des propriétés

1*

spécifiques des corps, de leur constitution intime et de leurs actions réciproques. — Encore une définition!

Or, en étudiant les différents corps par la méthode expérimentale, la chimie a reconnu que l'immense majorité d'entre eux est le résultat de l'union, de la combinaison de deux ou de plusieurs autres corps. Plusieurs de ceux-ci sont dus eux-mêmes à d'autres combinaisons. Mais, en poursuivant l'analyse, il arrive un moment où l'on est arrêté, parce qu'on se trouve en présence de corps qui ne peuvent plus être décomposés; qui, de quelque façon qu'on les traite, se montrent toujours parfaitement homogènes et constitués, dans toutes leurs parties et jusque dans leurs derniers atomes, par une seule et même espèce de matière. Ce sont ces corps, qui servent à former tous les autres, qu'on a désignés sous le nom de *corps simples* ou d'*éléments*. On n'en connaissait qu'une cinquantaine environ il y a vingt-cinq ans. Aujourd'hui on en connaît plus de soixante, et ce chiffre pourra augmenter encore, — à moins qu'il ne diminue, comme dirait M. Prudhomme. Et cette seconde hypothèse se réaliserait si l'on découvrait un de ces jours, — ce qui n'a rien d'improbable, — que tous les corps que l'on appelle simples ne sont eux-mêmes que des combinaisons diverses d'un très-petit nombre d'éléments.

Mais n'anticipons point sur les futurs contingents, et tenons-nous-en à ce que l'on sait ou à ce que l'on croit savoir aujourd'hui. On a partagé les corps simples en deux divisions : les *métalloïdes* et les *métaux*.

Métalloïde signifie semblable aux métaux. Ce nom n'est pas heureux, puisqu'il caractérise les corps auxquels il s'applique par leur analogie avec ceux dont il s'agit précisément de les distinguer. Aussi beaucoup de chimistes préfèrent-ils dire : *métaux* et *corps non métalliques,* bien que cette dernière expression ait l'inconvénient d'être trop longue. Le fait est que certains métalloïdes ont, en effet, beaucoup de ressemblance avec les métaux ; mais la plupart s'en distinguent aisément, moins, il est vrai, par leurs propriétés chimiques que par des caractères physiques qui n'ont, aux yeux du savant, qu'une importance très-secondaire. Les métalloïdes présentent d'ailleurs entre eux, sous le rapport de ces mêmes caractères, les plus grandes différences, tandis que les métaux ont tous une sorte d'air de famille qui frappe dès l'abord l'observateur le moins attentif.

Tous sont opaques, doués d'un éclat particulier appelé *éclat métallique,* bons conducteurs du calorique et de l'électricité. Aucun n'est gazeux ; un seul, le mercure, est liquide à la température ordinaire. Les uns sont gris ou bleuâtres, ou jaunes ou rougeâtres ; les autres sont incolores ou d'un blanc qui, à raison de l'éclat métallique, ne fait pas sur la vue la même impression que le blanc des substances vraiment incolores, telles, par exemple, que la neige. La coloration réelle des métaux n'est pas, au surplus, telle que nous la voyons ; elle est masquée par la lumière blanche qu'ils renvoient à nos yeux en grande quantité, en vertu de leur pouvoir réflecteur, et, d'autre part, elle varie suivant l'état moléculaire du métal. Si l'on oblige un faisceau de rayons lumineux à se réfléchir plusieurs fois sur des lames d'un même métal, on obtient une décomposition plus complète de la lumière blanche, et le métal apparaît avec une nuance beaucoup plus accusée que celle qu'on lui connaît, ou même avec une coloration qu'on ne lui soupçonnait pas du tout. C'est ainsi que, par des réflexions répétées, l'argent, — le plus blanc de tous les métaux, — prend une teinte jaune-rougeâtre très-marquée; le zinc devient bleu foncé; l'acier, violet; le cuivre, écarlate; l'or, d'un rouge vif.

La densité ou pesanteur spécifique des métaux est très-variable; mais ils sont en général plus lourds que l'eau, et c'est dans cette classe de corps simples que se trouvent les substances les plus pesantes que l'on connaisse.

Tous les métaux sont, mais à des degrés très-iné-gaux, fusibles et volatilisables, ductiles et malléables. Tous sont insolubles dans l'eau, ainsi que dans les autres véhicules sans action chimique sur eux; et lorsqu'un métal semble se dissoudre dans une liqueur acide ou alcaline, ce n'est pas le métal même qui se dissout, mais le composé qu'il vient de former avec certains éléments de ce liquide. Les métaux peuvent d'ailleurs se dissoudre les uns dans les autres, comme on le constate en plongeant une feuille d'or ou d'étain dans du mercure. La dissolution, dans ce cas, se fait à froid ; mais d'ordinaire elle n'a lieu qu'à la faveur d'une température élevée. Sous l'influence de cette haute température, les métaux s'unissent et donnent naissance aux composés appelés *alliages*. L'alliage d'un métal quelconque avec le mercure prend le nom particulier d'*amalgame*. Les métaux sont susceptibles de se combiner avec les corps simples non métalliques, tels notamment que les gaz oxygène et chlore, le soufre, l'iode, etc. Leurs combinaisons avec l'oxygène (oxydes) du premier degré sont toujours des *bases*, c'est-à-dire des composés pouvant à leur tour se combiner avec les acides pour donner naissance à des sels ; et c'est ce caractère purement chimique qui établit la seule ligne de démarcation bien nette entre les métaux et les métalloïdes : les combinaisons de ceux-ci avec l'oxygène étant tantôt des oxydes neutres ou indifférents, tantôt des acides, jamais des bases proprement dites.

Ces considérations sommaires nous fournissent encore les éléments de quelques définitions qu'il est bon d'enregistrer. Ainsi : 1° une *base* est un corps susceptible de se combiner avec un acide ; — 2° réciproquement, un *acide* est un corps susceptible de se combiner avec une base ; — 3° un *sel* est le résultat de cette combinaison. On remarquera que ces deux dernières définitions ne s'accordent guère avec l'idée qu'on se fait communément d'un acide et d'un sel ; et si j'avais demandé à quelqu'un de ceux qui me font

l'honneur de me lire la définition de ces deux espèces
de substances, il m'eût répondu, selon toute probabilité : Un acide est un liquide doué d'une saveur aigre
et de propriétés plus ou moins irritantes, corrosives
et vénéneuses ; — un sel est un corps cristallisable,
transparent, soluble dans l'eau, doué d'une saveur
particulière qu'on appelle *saline,* et qui souvent tourne
à l'amertume et à l'âcreté ; il y a un sel qu'on emploie
dans la cuisine, et qui est le sel par excellence, le sel
type ; il y en a d'autres qu'on emploie en médecine,
tels que le sel de Glauber, le sel d'Epsom, le sel de
Seignette.

Dans tout cela, il y aurait certainement des notions
fort justes, mais vagues, incomplètes, superficielles,
et dont la science ne s'accommode point. Ainsi, pour
les chimistes, le sel par excellence, ce sel type que
tout le monde connaît, — le sel de cuisine enfin, —
n'est pas un vrai sel, parce qu'il ne renferme pas un
acide et une base, mais seulement deux corps simples :
un métal, le sodium, et un métalloïde, le chlore.
Au contraire, dans plusieurs substances où les pro-
fanes ne voient que des *terres* ou des *pierres,* le chimiste reconnaît des sels proprement dits : par exemple,
dans la marne, dans la craie, dans le marbre, qui
sont des carbonates de chaux, c'est-à-dire des corps
formés d'acide carbonique et d'oxyde de calcium ;
dans le plâtre, qui est un sulfate de chaux (acide
sulfurique et oxyde de calcium) ; dans l'*écume de mer*
et dans le *talc,* qui sont des silicates de magnésie et

d'alumine (acide silicique et oxydes de magnesium et d'aluminium), etc.

Nous sommes maintenant à même de nous faire une idée suffisamment nette et claire de ce qu'il faut entendre par le mot *pierres*. D'abord, nous ne confondrons pas désormais les pierres avec les métaux, qui sont aussi des substances minérales ordinairement pesantes et compactes, mais dont la nature et les propriétés sont bien déterminées. Mais il est, avons-nous dit, des minéraux simples autres que les métaux. Ceux de ces corps qui sont solides doivent-ils être rangés au nombre des pierres? — Cette question serait embarrassante, si l'usage ne s'était chargé de la résoudre, un peu arbitrairement, comme il fait d'ordinaire. Or l'usage veut qu'*en général* les métalloïdes, même assez durs et assez compactes, ne soient point des pierres. Je dis « en général », parce qu'il y a à cette règle quelques exceptions. Le carbone minéral est réputé pierre (diamant et graphite); le soufre ne l'est pas; l'arsenic non plus, bien qu'il ait été exclu de la classe des métaux, ainsi que le silicium, par la raison que ses combinaisons avec l'oxygène jouent le rôle d'acides et non celui de bases. Le bore ressemble trop au carbone minéral pour n'être pas pierre comme lui.

Quant aux minéraux composés, il ne suffit pas, pour mériter le nom de pierres, qu'ils soient plus ou moins durs, compactes et pesants : il est indispensable qu'ils résistent à l'action dissolvante de l'eau et des autres liquides neutres ; sans quoi il n'y aurait pas de motif pour ne pas ranger parmi les pierres tous les sels, y compris le sel de cuisine, qui, sous le nom de *sel gemme*, forme en certains endroits d'immenses dépôts analogues aux dépôts de houille.

En résumé, la grande majorité des pierres que nous allons étudier sont essentiellement constituées, soit par des oxydes, soit par des sels insolubles, à radical métallique. Il va sans dire que parmi ces pierres, comme parmi les métaux, nous nous occuperons seulement des espèces qui jouent dans l'industrie et dans les arts un rôle de quelque importance.

PREMIÈRE PARTIE

LES PIERRES

Ce n'est pas sans difficulté que nous avons pu définir les pierres ; il nous serait moins aisé encore de les classer suivant un ordre logique. Une méthode qui prendrait uniquement pour base les caractères minéralogiques, géologiques ou chimiques des pierres ne s'appliquerait que très-imparfaitement à cette classification, et nous obligerait à insister plus qu'il ne convient sur le côté scientifique de cette étude. D'autre part, la méthode commerciale, qui divise les pierres en pierres communes, pierres ornementales, pierres fines et pierres précieuses, offre aussi des inconvénients, et nous ne pourrions l'adopter absolument sans laisser de côté plusieurs substances qui ne trouveraient place dans aucune de ces divisions, et qui pourtant méritent d'être mentionnées. Pour sortir de l'embarras où nous

voilà, le mieux est, croyons-nous, de combiner les
deux méthodes, et de les fondre en une méthode mixte,
qui participe à la fois de l'une et de l'autre. Ce parti
semble d'autant plus avantageux, qu'en somme les
deux points de vue scientifique et utilitaire ne sont
nullement inconciliables; qu'il suffit, pour les accom-
moder ensemble, d'en écarter ce qu'ils ont de trop
exclusif; et que, moyennant de légères modifications,
tout à fait en rapport avec l'objet que nous nous pro-
posons, les deux classifications peuvent se superposer
assez exactement.

Nous considèrerons donc en premier lieu les espèces
minérales les plus répandues, et qui forment la plupart des pierres usuelles propres aux usages ordinaires
de l'architecture, de l'industrie et des arts d'ornement;
puis celles, moins communes, qui fournissent les
pierres exclusivement ornementales ou applicables à
des usages spéciaux et restreints; puis les espèces
auxquelles la joaillerie emprunte ce qu'on est convenu
d'appeler les *pierres précieuses,* ou *gemmes.*

Je dois faire remarquer tout de suite que, parmi
ces dernières, il en est qui sont très-abondamment
répandues dans la nature, et sembleraient, en conséquence, devoir se rattacher au premier groupe. Elles
s'en distinguent néanmoins d'une manière très-tran-
chée, en ce que si elles entrent comme éléments
essentiels dans des matières très-communes, elles se
trouvent aussi parfois isolées, avec des qualités auxquelles on attache un grand prix, et qui tiennent,

soit à une pureté plus ou moins parfaite, soit à un
état physique particulier du minéral, soit encore à sa
combinaison avec certains autres corps, suivant des
proportions et dans des conditions qui ne se réalisent
qu'exceptionnellement.

Les oxydes qui servent de base au plus grand
nombre de pierres, ou qui les constituent intégralement, sont : la CHAUX (oxyde de calcium), — la
SILICE (oxyde de silicium), — l'ALUMINE (oxyde d'aluminium), — les oxydes de CUIVRE, de FER, de COBALT,
— la MAGNÉSIE (oxyde de magnesium), etc. Les corps
simples non oxydés qui revêtent la forme de pierres
sont très-peu nombreux. Nous n'aurons à nous
occuper que du CARBONE et du BORE. Nous étudierons
successivement ces substances et les espèces et variétés
minérales qui s'y rattachent, en commençant par les
plus vulgaires, pour arriver graduellement à celles
qui sont réputées les plus précieuses.

<hr />

I

La chaux. — Les calcaires. — Le carbonate de chaux.
— Spath laminaire et aragonite. — Sources incrustantes. —
Stalactites et stalagmites.

La chaux nous offre un premier exemple d'un oxyde
répandu autour de nous avec une abondante profusion, et dont le radical est à peine connu. Ce radical

est le *calcium*, métal blanc comme l'argent, fusible seulement à une haute température, mais très-difficile à séparer de l'oxygène, qu'il absorbe de nouveau avec une extrême avidité lorsqu'il reste exposé au contact de l'air ou de l'eau. La chaux pure n'est autre chose que le résultat de sa combinaison au premier degré avec ce gaz ; ce que les chimistes expriment en la désignant sous le nom de *protoxyde de calcium*; et en la représentant par la formule Na O.

La chaux pure ne se trouve guère que dans les laboratoires et chez les fabricants de produits chimiques. Les meilleures chaux du commerce renferment toujours une proportion plus ou moins notable d'autres matières terreuses (argile ou silice) provenant des pierres à chaux d'où on les extrait. La chaux est une substance blanche, solide, cristallisable en hexaèdres, peu soluble dans l'eau, douée d'une réaction alcaline et de propriétés caustiques très-prononcées. Malgré son peu de solubilité dans l'eau, la chaux se fait remarquer par une très-grande avidité pour ce liquide, avec lequel elle se combine pour former de l'hydrate de chaux. La chaux anhydre ou non hydratée est connue sous le nom de *chaux vive;* lorsquelle s'est saturée d'eau, elle porte celui de *chaux éteinte*. La chaux est une base énergique, et son affinité puissante pour les acides est cause qu'on ne la trouve jamais dans la nature à l'état libre. Elle est ordinairement combinée, soit avec l'acide carbonique, soit avec l'acide sulfurique.

Les carbonates de chaux naturels sont désignés par les géologues et les minéralogistes sous le nom générique de CALCAIRES, et les sulfates sous celui de GYPSES.

Le calcaire est une des roches qui constituent la plus grande partie de la croûte terrestre. Il se retrouve, dit M. A. Vézian, « à tous les degrés de l'échelle géologique, depuis les formations sédimentaires immédiatement postérieures au granit, jusqu'à

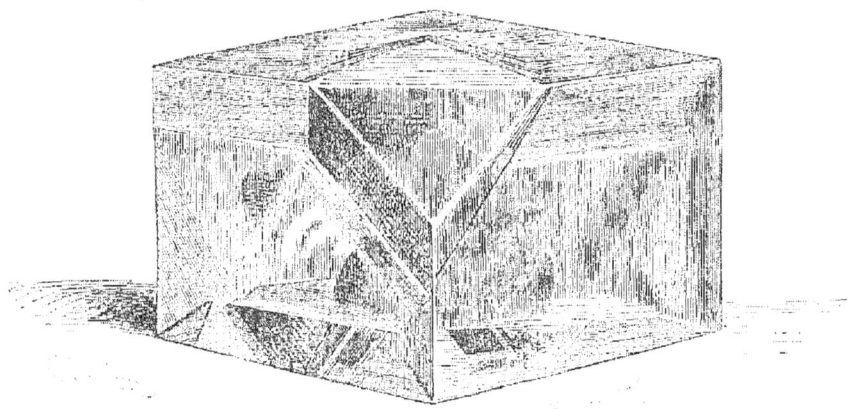

Cristal de spath d'Islande.

celles de l'époque actuelle, c'est-à-dire jusqu'au tuf et jusqu'au travertin[1] ». Mais son origine est essentiellement sédimentaire, soit qu'il ait été déposé directement par les eaux qui, aux premiers temps de la création, couvraient la plus grande partie des continents actuels, soit qu'il provienne de ce que M. Vézian appelle l'action *geyserienne*, c'est-à-dire qu'il ait été dissous par des eaux souterraines chargées d'acide

[1] *Prodrome de Géologie*, t. Ier (3 vol. in-8°, Paris, 1863).

carbonique, puis abandonné à la surface du sol ou
dans les cavernes, sous forme de concrétions, d'incrustations, de stalactites et de stalagmites; soit enfin que,
sous l'influence d'une température élevée, il ait subi
les effets du métamorphisme et pris une texture compacte et saccharoïde.

Le *spath laminaire* ou *spath d'Islande* et l'*aragonite*
sont du carbonate de chaux pur, cristallisé, le premier,
en rhomboèdres, le second en prismes quelquefois
très-volumineux. Le calcaire laminaire est une pierre
tendre, qui se fend ou se *clive* aisément. Il est incolore, transparent et possède à un haut degré le
pouvoir bi-réfringent. Aussi est-il très-recherché par
les physiciens pour les expériences sur les phénomènes de double réfraction et de polarisation de la
lumière.

Le carbonate de chaux est insoluble dans l'eau, à
moins que celle-ci ne tienne déjà en dissolution du
gaz acide carbonique. Dans ce cas, le carbonate passe
à l'état de bi-carbonate, qui est soluble; mais ce
composé est très-peu stable. Dès que la dissolution
est exposée à l'air libre, l'excès d'acide carbonique
s'échappe, et le bi-carbonate redevient du carbonate insoluble, qui se précipite ou se dépose. Ainsi
s'expliquent les curieux phénomènes d'incrustation
que présentent les sources minérales de San-Felipo
en Toscane, de Sainte-Allyre, près de Clermont-
Ferrand, et le Sprudel de Carlsbad. Ainsi s'explique
également la formation de ces colonnades naturelles

Grotte avec stalactites et stalagmites.

qui font l'ornement de certaines grottes. « A travers les rochers calcaires, dans les montagnes, dit M. Ch. Flandin, il se fait parfois des infiltrations qui abandonnent, soit à la voûte des failles, soit sur le sol où l'eau tombe, des incrustations pierreuses qui ont reçu le nom de *stalactites* et de *stalagmites*. C'est un phénomène de cet ordre qui attire la visite des curieux dans les grottes d'Arcy, sur les bords de la Cure, dans le département de l'Yonne, non loin de notre résidence d'été. Les portions suspendues à la voûte de la grotte sont des stalactites, les portions fixées au sol sont les stalagmites. Quand, par suite de l'infiltration longtemps continuée des eaux, les stalactites et les stalagmites viennent à se réunir, il se forme de vraies colonnes qui ont l'air de soutenir les voûtes, et qui semblent taillées de main d'homme ; mais ce sont là de simples apparences, et ce que les anciens ont appelé des jeux de la nature[1] ».

[1] *Principes et Philosophie de la Chimie moderne,* 1 vol. in-8°, Paris, 1864.

II

C'est un des faits les plus remarquables dont la géologie ait donné la démonstration, que les immenses dépôts de calcaire où l'homme puise, depuis des siècles, les matériaux de ses constructions sont entièrement composés des dépouilles d'animalcules microscopiques, ou du moins d'une extrême petitesse, qui vivaient et se multipliaient au sein des eaux de l'Océan primitif. D'autres animalcules ont laissé dans d'autres endroits, comme nous le verrons plus loin, leurs carapaces siliceuses, et formé aussi des roches d'une étendue et d'une épaisseur considérables.

Les débris calcaires dont nous parlons sont les coquilles d'infusoires et de mollusques : foraminifères, nummulites, milioles, etc. Le *calcaire grossier,* dont on se sert journellement dans les constructions, est entièrement composé de petites carapaces de mollusques. « Les milioles, dit M. F.-A. Pouchet, étaient tellement nombreuses dans les mers parisiennes, qu'en se déposant elles ont formé des montagnes que l'on exploite aujourd'hui pour la construction de nos villes. Aussi peut-on dire que notre splendide capitale est construite en coquilles microscopiques[1] ». Pour donner une idée de la miliole des pierres, j'ajouterai, d'après M. Defrance, qu'une ligne cube de calcaire grossier peut contenir jusqu'à quatre-vingt-seize de ces coquillages.

Quant aux nummulites, elles constituent, selon M. Pouchet, absolument toute la chaîne Arabique qui longe le Nil, et elles sont tellement nombreuses et tellement tassées, qu'il n'existe aucune gangue pour les lier. « Dans diverses régions de la haute Égypte que j'ai parcourues, dit encore le savant naturaliste, le sol du désert ne consistait qu'en un épais matelas de nummulites, dans lesquelles glissaient et s'enfonçaient profondément les pieds des voyageurs et des chameaux.

« Paris, avons-nous dit, n'est bâti que de coquilles ; il en est de même du Sphinx et des célèbres pyramides d'Égypte. Les immenses assises de ces dernières, dont l'art n'explique encore ni le transport ni l'élévation à de si grandes hauteurs, proviennent de la chaîne Arabique, et ne sont uniquement formées que de nummulites. Beaucoup de celles-ci ressemblent absolument à des lentilles par la forme et par la taille. Cette coïncidence a donné lieu à d'étranges méprises. Les siècles, en rongeant la surface de ces gigantesques monuments, en ont rassemblé d'énormes masses à leur base, où elles entravent la marche des visiteurs. A l'époque de Strabon, on prétendait que ces débris

---

[1] L'UNIVERS : *Les infiniment Grands, les infiniment Petits*, 1 vol. grand in-8°, Paris, 1867.

n'étaient que des restes de la semence alimentaire abandonnés par les anciens ouvriers qui s'en nourrissaient; et dans sa description de l'Égypte, déjà il classe les nummulites au nombre des pétrifications, en rappelant qu'il existe dans le Pont, son pays, des collines remplies de pierres d'un tuf semblable à des lentilles.

« La pierre de Laon, souvent employée dans nos constructions, n'est également formée que d'amas de nummulites. »

Les calcaires grossiers qu'on emploie en Europe comme pierre à bâtir ou *pierre de taille* forment, dans les terrains sédimentaires, des bancs et des amas considérables, qui sont, en général, régulièrement stratifiés, et alternent avec des lits d'argile, de grès ou de sable. On les exploite tantôt à ciel ouvert, tantôt, lorsqu'ils se trouvent à une certaine profondeur, en creusant des galeries qui, en certains endroits, sont devenues de véritables labyrinthes souterrains, s'étendant au-dessous des villes mêmes qui ont été bâties avec les matériaux extraits de ces immenses carrières. Telle est, par exemple, l'origine des *catacombes* de Rome et de Paris.

Toutes les pierres de taille n'ont pas la même qualité. On les distingue en pierres dures et pierres tendres, en *pierres de liais,* qui sont d'un grain fin, homogènes, exemptes de corps étrangers, et *roches,* dont la masse contient des grains de mica ou de quartz et des fragments de coquillages fossiles.

Catacombes de Paris. Pont Saint-Philippe.

La *craie* est un autre exemple du phénomène si surprenant, si incroyable au premier abord, que présente le calcaire grossier : elle est composée aussi de carapaces et de coquilles d'infusoires qui vivaient par millions de myriades dans les mers primitives, et que les eaux, en se déplaçant, ont abandonnées sur le sol, où ces coquilles ont formé des dépôts considérables. « Quoique, d'après Ehrenberg, il existe parfois plus d'un million de ces animaux (infusoires fossiles) dans un pouce cube de craie, dit M. Ponchet, leurs légions étaient si tassées, si miraculeusement fécondes lors de la formation de celle-ci, que, malgré leur extrême petitesse, certaines roches stratifiées, uniquement composées de leurs carapaces calcaires, constituent aujourd'hui des montagnes qui jouent un rôle important dans l'écorce minérale du globe. » (*L'Univers.*)

Les falaises qui bordent en partie les côtes d'Angleterre offrent des masses énormes de craie. Il en existe aussi des carrières considérables dans plusieurs localités de la France : aux environs de Rouen ; à Meudon et à Bougival, près de Paris ; dans la Champagne et sur les côtes de la Manche. On exploite ordinairement ces carrières en vastes galeries dont les voûtes se soutiennent d'elles-mêmes, grâce à la ténacité de la craie. Cette pierre néanmoins n'a pas une grande dureté ; elle est, au contraire, tendre et friable, mais d'un grain fin et homogène, et d'une blancheur parfaite lorsqu'elle est pure, c'est-à-dire non mélangée de sable ou d'argile ferrugineuse.

Aussi lui donne-t-on souvent le nom de *blanc*,
auquel on ajoute, comme complément, celui de la
localité d'où elle est tirée : *Meudon, Rouen, Troyes*, etc.
Le *blanc d'Espagne* est de la craie de belle qualité,
réduite en poudre fine, tamisée, puis agglomérée en
pains.

Tous les carbonates de chaux dont nous venons
de parler peuvent, ainsi que les autres variétés de
calcaire, être employés comme *pierre à chaux*, c'est-
à-dire comme matière première pour la préparation
de la chaux vive. Cette préparation est simple : elle
consiste à chauffer fortement la pierre dans des fours
construits à cet effet, et appelés *fours à chaux*. Sous
l'influence de la chaleur rouge, l'acide carbonique est
chassé, et il ne reste que la chaux ; mais celle-ci,
exposée à l'air, absorbe peu à peu, non-seulement
l'humidité, mais aussi l'acide carbonique répandu
dans l'atmosphère, et revient à l'état de carbonate,
régénérant ainsi, par un travail spontané, la pierre
d'où on l'avait extraite. C'est cette propriété qu'on
met à profit en faisant entrer la chaux dans la composition des mortiers et ciments que l'on *gâche* avec
de l'eau, de manière à en former d'abord une pâte
qui, exposée ensuite à l'air, ne tarde pas à acquérir
une grande solidité.

Les pierres qu'on emploie pour la lithographie
depuis l'origine de cet art, inventé à la fin du siècle
dernier par l'imprimeur bavarois Aloys Senefelder,
sont une espèce particulière de carbonate de chaux

Falaise crayeuse d'Angleterre.

très-compacte, très-homogène et d'un grain très-fin, qui, taillé en plaques et poli, présente au crayon de l'artiste une surface parfaitement unie. On désigne quelquefois ce calcaire sous les noms de *chaux car-bonatée compacte de Ditcher*, — *Kalkstein de Werner*, *variété de chaux de Haüy*, — *pierre plate de Kelheim*.

Les premières pierres lithographiques qu'on reçut en France proviennent de cette dernière localité, dont les carrières sont aujourd'hui épuisées. Pendant plusieurs années, la Bavière a eu le monopole de ce produit. Aujourd'hui encore, c'est elle qui fournit aux dessinateurs lithographes les pierres les plus belles et les plus estimées. Ces pierres sont extraites des carrières de Pappenheim, de Solenhofen, de Munich et de Mülheim. Cependant des recherches entreprises à partir de 1820, sur plusieurs points de la France, ont amené la découverte de gisements considérables d'un calcaire analogue à ceux de Bavière, moins propre, il est vrai, à l'exécution des œuvres artistiques, mais très-suffisant pour la *typo-lithographie,* qui consomme beaucoup plus de pierres qu'il ne s'en emploie pour les estampes, surtout depuis que la gravure sur bois et la photographie ont été si généralement préférées par les éditeurs et par le public.

La découverte de ces gisements a permis de réserver aux artistes les plus beaux échantillons de Kalkstein. Les carrières exploitées en France sont situées dans les départements du Gard, de l'Ardèche, de l'Yonne et de la Côte-d'Or. Il en existe aussi d'assez importantes en Espagne, en Portugal, en Italie, en Algérie et au Canada. C'est à Paris que les pierres lithographiques tirées de ces carrières trouvent leur principal débouché, puisque l'on compte dans cette capitale près de quatre cents imprimeurs-lithographes.

III

Les marbres. — Espèces et variétés. — Distribution géographique. — Marbres d'Italie et de Grèce.

Certains calcaires à texture saccharoïde ont une dureté, une homogénéité, une finesse de grain qui les rendent susceptibles d'être travaillés d'une façon très-délicate et de recevoir un très-beau poli. Ces qualités, jointes, soit à leur blancheur éclatante, soit à la richesse et à la variété de leurs nuances, les font rechercher, comme pierres d'ornement, par les architectes et par les sculpteurs. C'est notamment le cas des marbres et de l'albâtre.

On comprend sous la dénomination de MARBRES tous les calcaires compactes, durs, à texture saccharoïde, qu'on rencontre en grandes masses dans les formations de toutes les périodes géologiques, mais surtout dans les terrains secondaires et de transition.

Les espèces et les variétés comprises dans ce genre de pierres sont presque innombrables; mais on peut les rattacher presque toutes à huit types, savoir : les *marbres antiques*, les *marbres statuaires*, les *lumachelles*, les *brocatelles*, les *griottes*, les *granits*, les *cipolins* et les *brèches*.

Les marbres antiques sont ceux qu'employaient les anciens. Ils doivent leur valeur à leur beauté, mais plus encore à leur rareté ; car les carrières d'où on les tirait autrefois sont aujourd'hui presque épuisées, et on ne les retrouve plus guère que dans les monuments en ruine et dans les œuvres des artistes de l'antiquité. On en distingue plusieurs sortes, parmi lesquelles je citerai le *rouge antique*. Celui d'Égypte, qui était le plus renommé, et qui paraît avoir été exploité principalement par les Romains, ne se retrouve plus aujourd'hui. Celui de Grèce, qui jouissait aussi d'une grande réputation, et qui était remarquable par sa structure arénacée, a été retrouvé à Cynopolis et à Damaristica, dans des carrières abandonnées et oubliées depuis des siècles. Un bloc provenant de Damaristica figurait à l'exposition universelle de 1855. Il était aussi beau que celui qu'on admire dans les musées de France et d'Italie. Le *noir antique* ou *marbre de Lucullus*, le *marbre blanc de Paros*, le *jaune antique* sont encore de ceux auxquels les amateurs attachent un grand prix. On donne souvent le nom de marbres antiques à des marbres actuellement exploités, mais pouvant rivaliser par leur beauté avec ceux dont se servaient les anciens. Tel est, par exemple, le *jaune antique* ou *jaune de Sienne*.

Les marbres statuaires, ainsi nommés à cause de la destination pour laquelle on les réserve exclusivement, doivent présenter des qualités rares, et qui en élèvent beaucoup la valeur : une parfaite blancheur, une grande homogénéité, un grain fin et brillant. On les place partout au premier rang. Les plus renommés sont ceux de Carrare, en Italie, de l'île de Paros, des monts Pentélique et Hymette, en Grèce.

La lumachelle (de l'italien *lumachella*, colimaçon) est une espèce très-estimée, qui se rencontre surtout en Carinthie. Ce marbre est parsemé de taches dues à la présence de minces fragments de coquillages transparents et diversement colorés par des oxydes métalliques. Le fond lui-même semble formé de fragments agglomérés par une pâte qui se serait ensuite solidifiée. Cette constitution donne aux lumachelles des teintes très-variées et très-vives, et y produit souvent des dessins gracieux ou bizarres. On tire de Carinthie une lumachelle dite opaline, remarquable par ses nuances irisées et par l'aspect nacré des coquillages qu'elle renferme. Une autre lumachelle, appelée Astrakhan, et dont la provenance est incertaine, se distingue par son fond de couleur café, parsemé de taches jaune foncé.

La brocatelle peut être considérée comme une variété de lumachelle ; c'est un marbre jaune moucheté par une multitude de fragments de coquilles ;

on le trouve en Catalogne, dans les carrières de Tortose.

Les griottes sont très-recherchées pour l'ornementation architecturale, à cause de la richesse de leurs tons. Le fond est rouge-brun semé de taches d'un rouge sanguin plus ou moins clair, et de spirales ou de cercles tantôt noirs, tantôt blancs, dus à la présence de coquillages du genre nautile. Les griottes s'exploitent principalement dans le Languedoc et en Italie.

On nomme improprement *granits* des marbres qu'il ne faut pas confondre avec le véritable granit, dont je parlerai plus loin. Ils diffèrent essentiellement de cette roche par leur composition; mais ils s'en approchent par leur couleur grise ou noirâtre, mêlée de grains blancs ou cendrés. On les emploie pour les monuments funèbres et pour les dessus de meubles communs. On en fait aussi des chambranles et des tablettes de cheminées.

Le cipolin est un calcaire saccharoïde à fond blanc, marqué de veines verdâtres et mêlé de mica et de talc. On l'exploite en Italie, sur la côte de Gênes.

On appelle brèches des marbres formés, comme les précédents, de morceaux agglomérés, mais sans mélange de coquillages. Les plus estimés parmi ces marbres sont le *grand deuil,* qui est à taches blanches sur fond noir; la *brèche violette,* de Saravezza; la *brèche d'Aix,* etc.

On distingue encore les marbres en veinés, unis, saccharoïdes, etc. Les marbres veinés sont très-abondants et comprennent un grand nombre de variétés, dont les plus recherchées sont le *portor*, à veines jaunes sur fond noir ; le *bleu turquin*, à veines grises sur fond bleuâtre ; le *bardiglio*, à fond gris veiné de noir, etc. Les marbres unis ne se rencontrent guère que parmi ceux qui sont tout à fait noirs ou tout à fait blancs. Les marbres de couleur ont rarement une teinte uniforme ; on y voit presque toujours des veines ou des taches plus ou moins sensibles. Les marbres saccharoïdes sont, ainsi que leur nom l'indique, ceux dont la texture cristalline ressemble à celle du sucre. Ils se trouvent surtout parmi les marbres blancs. On rattache cependant à cette espèce le *vert antique*, qui est gris ou blanc, entremêlé de veines serpentineuses.

Les carrières de marbre abondent en France, en Belgique, en Espagne, en Grèce, en Italie, en Corse, en Algérie. Celles de France sont réparties en six groupes principaux : le groupe du Nord, celui de l'Ouest, celui du Centre, celui des Vosges, celui des Alpes et celui des Pyrénées. Je n'entreprendrai point de passer en revue ces diverses exploitations et les produits qu'elles livrent au commerce ; je ne m'arrêterai pas non plus aux gisements que possèdent la Belgique, l'Espagne, le Portugal, la Corse, l'Algérie. Mais comment ne pas consacrer quelques instants à ces carrières célèbres de l'Italie et de la Grèce, qui ont fourni à tous les grands sculpteurs des temps anciens et modernes les matériaux de leurs immortels chefs-d'œuvre, et qui ont acquis, dans le monde entier, une si juste renommée !

Les marbres célèbres de Toscane et de l'ancien État

Séjour de marbre à Carrare.

de Modène appartiennent tous aux immenses gisements des Alpes Apuennes. Ce sont les mêmes couches qui donnent les fameux marbres de Carrare et de

Massa, qui s'étendent dans la Toscane jusqu'auprès de Serravezza, et forment l'Altissimo, qui n'est qu'une énorme montagne de marbre statuaire. La Toscane et la province de Modène livrent au commerce, outre le marbre statuaire, du marbre blanc ordinaire, et plusieurs variétés désignées sous les noms de *bleu turquin, brèche de Stazzema, bardiglio, marbres de Sienne, portor* et *albérèze ruiniforme*. Occupons-nous seulement du marbre statuaire. Ce marbre pourrait s'exploiter sur toute l'étendue du calcaire saccharoïde, dans la chaîne des Alpes Apuennes, si l'insuffisance des voies de communication ne rendait, en général, les transports trop difficiles et trop coûteux. Les carrières actuellement ouvertes sont groupées sur le versant méridional de la chaîne Apuenne, savoir : à Crestala, Miseglia, Torano, Paggio-Silvestro, Betogli, Cageggi et Ravaccione aux environs de Carrare ; à Massa et dans les localités voisines, aux environs de Serravezza ; vers le sud-est, au mont Altissimo, au mont Corchia, à Trambiserra, Casta, Salaïo, Ceragiola, Stazzema ; enfin, sur une ligne plus au nord, à Pizzo del Sagro, au Monte-Grondicci et au Monte-Rotondo.

On classe les marbres statuaires en trois qualités, dont chacune comprend des variétés. Ces qualités sont dénommées comme il suit : à Serravezza, 1re, *Falcovaïa ;* 2e, *La Polla ;* 3e, *Ravaccione de l'Altissimo ;* — à Carrare, 1re, *Crestola ;* 2e, *Betogli ;* 3e, *Ravaccione de Carrare.*

Les carrières de Serravezza et de Carrare occupaient en 1855 une centaine d'ouvriers. On estimait alors à 2500 mètres cubes le produit du mont Altissimo, et celui du mont Corchia à 1500 mètres cubes; ce qui donnait, pour la Toscane, un total de 4000 mètres cubes. D'après un document inséré dans les *Annales du Commerce* en 1859, le nombre des carrières ouvertes était, en 1857, de 80 à Massa, et de 583 à Carrare : en tout 663. On comptait, sur ce total, 51 carrières de marbre dit de première qualité, dont 45 à Carrare. Ces 663 carrières ne sont pas toutes exploitées d'une manière suivie. En 1857, il n'y en avait en activité que 317 à Carrare et 51 à Massa. L'extraction était évaluée, à la même époque, à 563,800 quintaux métriques, dont 510,000 pour Carrare, et 53,000 pour Massa, c'est-à-dire à plus de 56,000 tonnes de 1000 kilogrammes. Le nombre des individus occupés au travail et au transport des marbres, tant à Carrare qu'à Massa, était, à la même époque, de 3,740, dont 1830 pour l'extraction (carriers), 600 pour l'équarrissage des blocs (tailleurs), 580 pour les transports, et 700 pour le travail des marbres dans les chantiers. Le nombre de ces chantiers était de 186, dont 165 à Carrare et 21 à Massa.

Les États pontificaux ne possèdent aucun gisement naturel de marbre; et pourtant c'est de ce pays que nous recevons chaque année les quantités les plus considérables de cette matière, principalement de marbre statuaire et des plus beaux marbres d'ornement. C'est

que les États pontificaux possèdent dans Rome même
et dans les environs un incomparable magasin, où
sont entassés les magnifiques débris de cette ville,
que l'empereur Auguste, selon sa propre expression,
laissa de marbre, l'ayant trouvée de briques, et que
ses successeurs s'appliquèrent à embellir à l'envi. Ces
débris fournissent au commerce et aux arts les véritables marbres antiques, qu'on ne retrouve plus ailleurs, et dont le temps n'a fait qu'augmenter la
valeur. Ce sont non-seulement des restes de statues,
de bas-reliefs, de vases et d'autres objets sculptés,
mais souvent des blocs énormes, des plaques épaisses
et larges, matériaux presque intacts des temples, des
basiliques, des palais, des villas qui furent la splen-
deur de la Rome antique, et qui sont encore à peu
près la seule richesse de la Rome moderne.

Les exportations des États pontificaux, en marbres
statuaires et autres, s'élèvent chaque année à plusieurs
milliers de quintaux, et dépassent celles des pays
qui, comme le Piémont et la Toscane, renferment
des bancs immenses et des montagnes entières de
marbre. Malheureusement l'héritage de ruines précieuses, laissé par les Césars aux chefs de l'Église, ne
tardera pas à s'épuiser, tandis que les gisements naturels de l'Italie septentrionale peuvent suffire encore,
pendant une longue suite de siècles, à la consommation des deux mondes.

On retrouve dans la Grèce, cette glorieuse patrie des
arts et de la civilisation, le même phénomène que nous

venons de remarquer en Italie, à savoir, une partie
du sol, des montagnes et des îles presque entières
formées de marbres admirables. Dès la plus haute
antiquité, les Grecs surent tirer parti de ces richesses,
si précieuses pour un peuple chez qui le goût des arts
était universel, et qui compta parmi ses grands hommes tant d'artistes de génie. Le marbre était employé
à profusion, non-seulement par les sculpteurs, pour
y ciseler les statues des dieux et des héros, mais par
les architectes pour construire les temples, les por-
tiques, les palais, souvent même les maisons. De nos
jours encore, au sein de l'état de misère et de déca-
dence où se trouve la Grèce, et quoique l'exploitation
des carrières soit fort languissante, l'emploi du marbre
y est encore un luxe très-répandu. Dans certaines localités, à Paros, par exemple, ce n'est pas même un
luxe, et l'on construit en marbre les plus humbles
habitations, les murs de jardins, les clôtures de vignes,
par la simple raison que cette pierre est plus commune
et plus facile à se procurer que toute autre.

Malheureusement le manque de capitaux, la timi-
dité, la paresse, l'apathie des particuliers, l'impuis-
sance et la pauvreté du gouvernement font que,
malgré leur abondance prodigieuse et leur qualité
supérieure, les marbres de Grèce n'occupent dans le
commerce qu'une place du second ou du troisième
ordre. Cependant la plupart des carrières sont d'une
exploitation facile, et la proximité de la mer rendrait
les transports peu coûteux. Comme d'ailleurs le gou-

vernement concède à bas prix les exploitations, il serait aisé, en faisant même au commerce des conditions avantageuses, de réaliser des bénéfices considérables.

Les principaux marbres de Grèce sont le blanc statuaire et le rouge antique. Le marbre statuaire le plus célèbre est celui de Paros, une des Cyclades. Au témoignage de tous les sculpteurs, ce marbre mérite bien la renommée dont il jouit depuis des siècles. Sa teinte, d'un blanc légèrement rosé, rappelle le coloris de la carnation humaine; ce qui, joint à sa transparence et à la finesse de son grain, lui donne un aspect singulièrement agréable, et une sorte de velouté qu'on ne retrouve point dans les autres marbres. Malheureusement il est souvent pénétré de lames de mica qui altèrent son homogénéité, et ne peut servir que pour les ouvrages de dimensions médiocres. Mais il existe du marbre de seconde qualité, très-micacé, plus blanc que le précédent, plus facile à exploiter en masses volumineuses, et qui convient bien pour les statues colossales et les ouvrages monumentaux.

Après le marbre de Paros, le plus célèbre est celui du Pentélique. Il est d'un blanc un peu grisâtre et très-lamelleux. C'est de ce marbre qu'était fait le Parthénon. Il a servi de notre temps à la construction de plusieurs monuments d'Athènes. On tire aussi du marbre blanc de l'île de Tinos. Les autres localités qui en fournissent sont Antiparos, Naxos, Chio, Thasos et Syra.

Carrière de marbre à Paros.

Le marbre rouge antique, si estimé des anciens, qui le confondaient avec le porphyre rouge d'Égypte, était exploité par eux, en Grèce, sur une grande échelle. Les principales carrières sont à Cynopolis et à Damaristica. Il en existe une aussi à Lagéia. Les marbres de cette localité passent, par des dégradations successives, à des tons d'une couleur rouge marron, veinés de blanc, de noir et plus souvent de gris. Ces marbres bruns sont beaucoup moins beaux que ceux d'un rouge vif.

Outre le statuaire et le rouge antique, la Grèce possède beaucoup d'autres espèces de marbres plus ou moins remarquables, et susceptibles de diverses applications dans les arts ; et l'on peut dire que son sol repose presque partout sur de profondes assises de marbre.

IV

Les albâtres. — Albâtre vrai. — Albâtre faux ou alabastrite.

Les albâtres se placent tout naturellement à côté des marbres, dont ils se rapprochent par leur composition et par leurs usages, et avec lesquels on les a souvent confondus. Cette confusion est presque légitime en ce qui concerne l'albâtre vrai ; elle l'est beaucoup moins pour l'albâtre faux, qui est le plus commun, et celui auquel on applique généralement la dénomination d'*albâtre*.

L'albâtre vrai est très-voisin du marbre; chimiquement, il lui est presque identique; mais il en diffère par sa consistance, qui est plus tendre; par sa demi-transparence, qui devient très-sensible lorsqu'il est en lames de peu d'épaisseur, et par l'uniformité de sa couleur, qui ne varie guère que du blanc jaunâtre au roux-clair, et qui est ordinairement jaune de miel, veiné de gris-brun. Ces veines, toujours rapprochées et ondulées, indiquent suffisamment le mode de formation de l'albâtre. C'est celui de toutes les concrétions calcaires dues à des dépôts s'opérant lentement par couches successives, et donnant naissance, dans les cavités souterraines, à des amas plus ou moins volumineux, à des stalactites et à des stalagmites.

Souvent les cavités où ce carbonate de chaux est déposé peu à peu par les eaux qui le tenaient en dissolution, finissent par se remplir, et deviennent de véritables carrières qu'on peut exploiter avec profit. Il existe aussi des grottes dont les stalactites pourraient fournir des quantités considérables d'albâtre, mais qu'on respecte comme des monuments séculaires construits et ornés par les mains de la nature. Telles sont, entre autres, les grottes d'Antiparos, dans l'Archipel hellénique, et de Castleton, en Angleterre. Les gisements d'albâtre exploitables sont, en somme, peu nombreux. On ne peut guère citer que ceux de la Corse, de l'Italie de la Sicile, de Malte et de l'Algérie. On a aussi trouvé près de Paris, à Montmartre, des blocs d'albâtre vrai ; mais ils étaient de dimensions et de qualité médiocres. L'albâtre le plus estimé est celui qu'on désignait naguère sous le nom d'albâtre oriental, ou albâtre-onyx, et qu'on appelle maintenant *marbre-onyx*, ou simplement *onyx*. On le reconnaît à ses veines régulières et bien nuancées, et à sa teinte un peu foncée. Depuis quelques années on en tire d'Algérie d'assez grandes quantités, et l'on a pu admirer, aux expositions de 1855 et de 1867, de magnifiques objets d'art, statues, bustes, vases, etc., sculptés dans cette pierre. On obtient notamment de très-beaux effets en l'associant au bronze, pour représenter des figures dont elle forme seulement les draperies.

On appelle albâtre *fleuri* celui dont les veines sont confuses ou nulles, et qui est semé de taches régulières. L'albâtre vrai prend un très-beau poli. Il est d'un prix élevé.

L'*albâtre faux*, ou *alabastrite*, ou l'albâtre gypseux, est, ainsi que je l'ai dit ci-dessus, l'albâtre blanc vulgaire. Cette espèce est beaucoup moins rare que la précédente, dont elle diffère et par son aspect et par sa composition chimique. En effet, l'albâtre gypseux n'est point un carbonate, mais un sulfate de chaux, comme le plâtre. Il ne fait pas effervescence au contact des acides comme la craie, le marbre et l'albâtre vrai. Il est moins diaphane que celui-ci et moins dur. Il ne prend pas un aussi beau poli, et peut être rayé avec l'ongle. Enfin il est d'ordinaire parfaitement incolore, et de là vient que lorsqu'on veut donner l'idée d'un objet d'une blancheur éclatante, on le compare volontiers à l'albâtre. C'est au faux albâtre qu'on fait alors allusion, bien qu'il soit parfois aussi marqué de taches et de veines. Cette pierre a été fort en vogue pendant quelques années. On en faisait des pendules, des vases, des statuettes et d'autres ornements de cheminée ou de console, qui sont passés de mode aujourd'hui, et remplacés avantageusement par des ouvrages d'un goût plus pur, en marbre, en bronze, ou même en zinc bronzé. Toutefois on fait encore avec l'albâtre gypseux des socles de pendules à bon marché, des coffrets et d'autres objets de pacotille. On le tire principalement de Volterra, en Toscane, et c'est à Florence que s'exécutent la plupart des ouvrages dont je viens de parler. Il existe aussi une carrière d'albâtre gypseux à Lagny, dans le département de Seine-et-Marne.

V

Le gypse. — Le plâtre. — Les stucs.

Les pierres telles que l'alabastrite, essentiellement formées de sulfate de chaux, n'appartiennent plus au

groupe des calcaires proprement dits. Les minéralogistes en font une espèce à part, qu'ils désignent
sous le nom de *gypse*.

Le gypse, appelé aussi *pierre à plâtre* et *plâtre
cru*, se trouve dans les terrains tertiaires et dans
les parties supérieures des terrains secondaires. Dans
les premiers, il est souvent accompagné de marnes,
et forme des dépôts assez étendus ; dans les seconds, il
constitue des couches puissantes qui alternent avec des
couches de calcaire, ordinairement de calcaire grossier. Il se présente tantôt en une sorte de masse
feuilletée à lamelles très-minces ; tantôt en cristaux
prismatiques épais, diaphanes, faciles à cliver suivant la direction de leurs deux axes obliques ; tantôt
sous forme de tables taillées en biseau sur les bords ;
tantôt en lentilles plus ou moins grosses, de couleur
jaunâtre, isolées ou bien groupées, soit en rosace,
soit en fer de lance. Souvent aussi le sulfate de chaux
naturel est en grandes masses à structure fibreuse ou
lamelleuse, ou en masses compactes et irrégulières,
formées d'une infinité de cristaux confus et très-petits.

Ce que nous venons de dire s'applique au gypse
proprement dit, ou sulfate de chaux hydraté, qui est
le plus abondant et le plus intéressant au point de vue
industriel ; mais il existe aussi un sulfate de chaux
anhydre, que les minéralogistes appellent *anhydrite*
ou *karsténite*, et qui est non moins dur que le marbre
et, comme lui, insoluble dans l'eau. Le sulfate de
chaux hydraté, au contraire, est légèrement soluble ;

ce qui, comme nous allons le voir, est à la fois un inconvénient et un avantage.

Le *plâtre*, cette matière plastique si usitée dans les constructions, dans les arts et en agriculture, n'est autre chose que le produit de la calcination du gypse. Les différentes espèces de gypse donnent des qualités diverses de plâtre, et, en général, les pierres à plâtre sont plus ou moins difficiles à cuire, selon que leur texture est plus ou moins serrée, et leur densité plus ou moins grande. Le meilleur plâtre pour les constructions s'obtient avec le gypse des bancs énormes qu'on exploite aux environs de Paris : à Montmartre, à Belleville, à Clamart, à Argenteuil. Ce gypse est en cristaux grenus plus ou moins serrés, réunis par une pâte de calcaire et d'argile renfermant des traces de matières organiques. Sa composition est à peu près la suivante : sulfate de chaux, 70,5 ; eau, 19 ; carbonate de chaux, 7,5 ; argile et traces de matière organique, 3. Soumis à la cuisson et pulvérisé, il absorbe l'eau doucement en s'échauffant un peu, et se solidifie ensuite en une masse très-compacte et très-résistante. Une des variétés les plus dures, les plus réfractaires à la cuisson, mais qui font aussi le meilleur usage, est celle que les plâtriers connaissent sous le nom de *pied noir ;* une autre, très-facile à cuire et de bonne qualité, est appelée *banc de mouton.* Enfin, pour obtenir le plâtre fin et blanc dont se servent les mouleurs, on réserve le gypse qui se trouve en cristaux diaphanes, incolores et d'une pureté parfaite.

La propriété la plus remarquable du plâtre, et
celle qui fait surtout son utilité, consiste dans la facilité et la rapidité avec lesquelles, délayé dans l'eau et

Une carrière de gypse à Montmartre.

converti en une pâte plus ou moins liquide, il revêt,
par le moulage, toutes les formes qu'on veut lui donner, adhère aux corps rugueux sur lesquels on l'applique, et se prend ensuite en une masse homogène

et relativement dure, quoique sous ce rapport le plâtre
ne puisse être comparé aux ciments et aux mortiers.
Sa solubilité, quoique faible, ne permet pas d'ailleurs
de le faire entrer dans les constructions hydrauliques,
ni même dans celles qui sont trop exposées à la pluie
ou à l'humidité. La *prise* du plâtre et sa solidification
sont dues en partie à cette solubilité, qui en cela est
une propriété utile; mais elles sont dues surtout à
son affinité pour l'eau, avec laquelle il régénère un
sulfate hydraté semblable au gypse naturel, et qu'il
absorbe d'autant plus promptement qu'il est plus
divisé. Remarquons ici toutefois que, pour se réhy-
drater et faire prise avec l'eau, il est indispensable
que le plâtre n'ait pas été chauffé trop fortement,
de manière à perdre toute son eau de cristallisation.
La température de cuisson ne doit donc pas dépas-
ser 220 ou 230 degrés. A 250°, l'effet que je viens
de signaler commence à se produire; il est complet
à 300°. Le plâtre devient alors semblable au sulfate
anhydre qu'on trouve dans la nature, et qui ne se
prête point aux applications du sulfate hydraté.

Ces applications sont importantes et nombreuses.
En dehors de son emploi journalier dans la maçonnerie
et dans la décoration intérieure des appartements, le
plâtre cuit sert, comme on sait, à la confection de
toutes sortes de modèles artistiques, industriels et
autres, à la reproduction des médailles, médaillons,
figures, bas-reliefs, statues et statuettes, fragments
d'architecture, appareils ou pièces d'appareils divers,

spécimens d'histoire naturelle, d'anatomie, d'ostéo-
logie, etc. On peut garantir ces objets contre l'action
de l'humidité, et leur donner en même temps un aspect
plus agréable et une plus grande dureté, au moyen
d'un mélange de cire et d'huile de lin lithargyrée, ou
simplement d'huile et de résine.

En gâchant du plâtre dur, bien blanc et finement
pulvérisé, avec de l'eau dans laquelle on a fait préalablement dissoudre de la gélatine (colle-forte ou colle
de poisson) et de la gomme arabique, on obtient le
stuc de plâtre à l'aide duquel on imite le marbre. La
scagliola des Italiens est aussi une espèce de stuc. Le
plâtre destiné à cette préparation doit être cuit d'une
façon particulière, dans des fours de boulangers. On
le colore en y introduisant des sels ou des oxydes
métalliques. Les couleurs végétales n'auraient pas de
durée. L'imitation des marbres avec le stuc est facile,
et même, pour quelques-uns, assez parfaite. Les veines
se produisent par le mélange des couleurs avec le
plâtre. Les *brèches* s'imitent en parsemant la pâte de
morceaux de stuc colorés. Pour imiter le granit et les
porphyres, on opère comme pour les brèches, ou bien
on pratique dans le stuc desséché et appliqué en enduit
de petits trous que l'on remplit ensuite avec un mastic
ayant la couleur des cristaux qu'il s'agit d'imiter. Le
stuc s'applique d'ordinaire sous forme d'enduit plus
ou moins épais, soit avec la brosse, soit avec la truelle.
Pour le polir, on se sert d'abord de grès pilé et d'une
molette en pierre ; on applique par-dessus, au pinceau,

une couche de stuc bien délayé, pour boucher les
fentes, les rayures et les petits éclats ; on laisse sécher,
on frotte avec la pierre ponce, puis avec une pierre de
touche ou une pierre à aiguiser, et enfin avec un chif-
fon imbibé d'huile. On comprend que le stuc de plâtre
ne puisse être exposé à la pluie ni à l'humidité sans se
détériorer rapidement ; mais à l'intérieur des habitations il se conserve assez bien. La fabrication de ce
produit est fort ancienne, et connue de tous les peuples
civilisés ; mais c'est en Italie, en France, en Allemagne
et dans la Grande-Bretagne qu'elle est le plus répandue.

M. A. Curtel, dans l'article *Plâtre* du *Dictionnaire
des Arts et Manufactures*, mentionne un autre stuc
plus résistant, qu'on nomme *stuc à la chaux*, et qui
s'obtient en mélangeant de la chaux éteinte avec
d'autres matières pulvérulentes, telles que le marbre
blanc ou toute autre pierre blanche et dure. « Pour
faire du bon stuc à la chaux, dit M. Curtel, on prend
des pierres de cette matière (la chaux) qui soient de
la meilleure qualité possible. On éteint cette chaux
et on la mêle ensuite avec la quantité de marbre blanc
reconnue nécessaire. »

Un fabricant de plâtre du département de Seine-et-
Marne, M. Dumesnil, prépare une composition dont il
fait des pierres très-résistantes et d'un aspect agréable.
Son procédé consiste à ajouter au plâtre une petite
quantité de chaux, d'alun et de colle gélatineuse,
plus, comme matière colorante, de l'ocre jaune, et à
gâcher le tout avec du sable et des cailloux. Ces pierres

factices peuvent être pleines ou creuses. On en fait des chaperons, des entablements, des plinthes, des ornements, et surtout des carreaux pour dallages.

Le plâtre cuit avec 2 p. % environ de son poids d'alun donne une sorte de ciment connu sous le nom de *ciment anglais,* et qui est d'un bien meilleur usage que le plâtre ordinaire, et même que le stuc ; car il ne s'évente pas en vieillissant. La prise en est très-lente, en sorte qu'on peut le travailler sans aucune perte. Il supporte d'ailleurs très-bien le mélange avec une ou deux parties de sable, et acquiert la résistance et la dureté de la pierre calcaire. A Turin, on fabrique avec ce plâtre aluné des marbres artificiels employés principalement, sous forme de carreaux, au dallage des appartements. Ces carreaux peuvent recevoir toutes les nuances qu'on veut, et imitent bien les différents marbres.

On sait que le plâtre est souvent utilisé en agriculture pour l'amendement des terres. Il favorise particulièrement la végétation des Légumineuses, des Renouées, des Crucifères et des Liliacées ; mais il est, assure-t-on, utile dans toutes les terres, et produit d'autant plus d'effet qu'il est plus divisé. La quantité à employer varie, suivant les circonstances, de 100 à 500 kilog. par hectare. On le répand tantôt sec, tantôt humecté d'urine. Les vieux plâtres sont préférables, pour l'agriculture, aux plâtres frais, à raison des azotates de chaux, de potasse et de magnésie qu'ils contiennent, et qui sont d'excellents engrais.

VI

La silice et le silicium. — Les silex.

Parmi les oxydes qui se rencontrent en quantités immenses dans le monde minéral, il n'en est pas de plus intéressant que la *silice*. Cet oxyde est la seule combinaison formée par l'oxygène avec le silicium. Il joue, dans les combinaisons chimiques, non le rôle de base, mais celui d'acide, et aussi les chimistes le désignent-ils quelquefois sous le nom d'*acide silicique*. En s'unissant aux bases métalliques, il donne naissance à des silicates; mais il est à remarquer que la combinaison ne s'effectue que par la voie sèche, sous l'influence d'une température élevée. C'est par cette voie que se sont formés au sein de la terre les silicates naturels. La plupart de ces sels sont absolument insolubles dans l'eau; il faut excepter cependant les silicates de potasse et de soude (*verre soluble* ou *liqueur de cailloux*). Le verre n'est autre chose qu'un mélange artificiel de silicates insolubles.

Puisque la silice joue le rôle d'acide, son radical, le silicium, ne saurait être classé parmi les métaux. Ses caractères physiques, du reste, ne permettent point de le confondre avec ceux-ci et le rapprochent manifestement du carbone et du bore. Il est susceptible de revêtir, comme ces deux corps, la forme graphitoïde

et la forme cristalline ou diamantine, comme l'a constaté expérimentalement M. H.-S. Sainte-Claire-Deville.
Ce chimiste a obtenu le graphitoïde en fondant ensemble, dans un creuset, de l'aluminium avec vingt
ou trente fois son poids de fluorure double de potassium et de silicium. Il se forme d'une part du fluorure
double d'aluminium et de potassium, de l'autre une
sorte d'alliage de silicium et d'aluminium, qu'on traite
par l'acide chorhydrique pour dissoudre le métal. Le
silicium se dépose alors dans le vase en lamelles hexagonales ayant l'aspect du graphite ou plombagine.

C'est en projetant dans un creuset porté au rouge
un mélange de 3 parties d'hydrofluosilicate de potasse
bien sec, de 1 partie de zinc en lamelles et de 1 partie
de sodium coupé en morceaux, en recouvrant le tout
d'un peu d'hydrofluosilicate et en continuant de
chauffer jusqu'à l'apparition des vapeurs de zinc, que
M. Deville a obtenu un culot de ce métal contenant
des cristaux octaédriques de silicium doués d'un très-
vif éclat. Je ne vois pas, soit dit en passant, pourquoi
la joaillerie ne tirerait pas parti de cette sorte de diamant, presque aussi belle que le diamant de carbone,
et dont le seul défaut, assez grave j'en conviens, est
d'être altérée par le chlore et par les vapeurs d'acide
chlorhydrique. Cette remarque s'appliquerait aussi
au diamant de bore, dont nous parlerons plus loin.
Revenons à la silice. Cet oxyde constitue, nous l'avons
dit, soit à l'état de pureté plus ou moins parfaite, soit
à l'état de combinaison avec diverses bases, un nombre

considérable de matières pierreuses : les unes très-
abondantes et de nulle valeur, les autres rares et précieuses. On la retrouve dans presque toutes les roches
de formation ignée : silex, grès, granites, basalte,
quartz incolores ou colorés : ceux-ci pouvant présenter
des qualités qui en font de véritables gemmes. Suivant
la méthode que nous avons adoptée, nous commencerons par les pierres siliceuses les plus communes.

Les *silex*, qui ont donné leur nom à la silice et à
son radical, sont essentiellement formées de cet oxyde,
puisqu'elles en contiennent au moins 90 p. %. A cette
espèce appartiennent : les *agates*, dont nous parlerons
bientôt; la *pierre meulière*, si usitée dans les travaux
de maçonnerie et de terrassement; le *silex corné*, et le
silex pyromaque, ou *pierre à fusil,* qui peut être con-
sidéré comme le type de l'espèce. Cette dernière variété
se trouve en abondance dans les bancs calcaires, à
l'état de petites masses tuberculeuses arrondies, tantôt
ovoïdes ou globuleuses, tantôt affectant des formes
bizarres. Ces silex, auxquels s'applique spécialement
la dénomination vulgaire de *cailloux,* sont toujours
recouverts d'une sorte de croûte calcaire blanchâtre,
que les ouvriers appellent *couenne.* Ils sont, du reste,
plus ou moins transparents à l'intérieur; leur cassure
est conchoïde, luisante, unie ou légèrement écailleuse;
leur couleur varie du blanc au brun verdâtre. Abstraction faite de la couenne, ils sont composés de 97 parties
de silice, 1 d'alumine et d'oxyde de fer et 2 d'eau.
Leur pesanteur spécifique est d'environ 2,60. Le silex

pyromaque est commun dans tous les pays. On sait que
cette pierre était autrefois l'objet d'une exploitation
et d'un commerce très-importants. On en faisait des
pierres à briquet et des pierres à fusil, et la consommation, pour ce double emploi, en était considérable
dans le monde entier ; mais aujourd'hui les amorces
fulminantes, les systèmes *à aiguille*, Chassepot et
autres, ont remplacé les batteries à pierre, et les bri-
quets ont disparu devant les allumettes chimiques.
Aussi les ci-devant pierres à feu ont-elles perdu à peu
près toute leur valeur industrielle et commerciale ; on
ne s'en sert plus guère que pour empierrer les routes,
si ce n'est dans quelques localités où elles sont utilisées
pour la fabrication du verre.

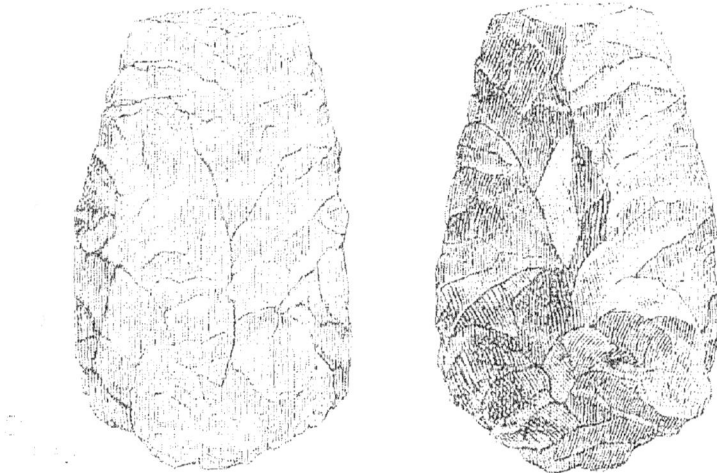

Haches fossiles en silex.

Par compensation, le silex a acquis un haut intérêt
scientifique, depuis que des fragments de cette pierre,
taillés en forme de haches, de couteaux, de pointes de

flèches, ont été découverts dans des terrains dont la formation remonte à une époque géologique où l'existence de l'homme avait été longtemps niée par les maîtres de la science. Ces armes, ces outils grossiers, dont plusieurs collections publiques et privées possèdent maintenant des échantillons très-variés, et l'on peut dire gradués, se rencontrent en grand nombre dans les alluvions de l'époque quaternaire, associés à des débris d'ossements humains et à des restes d'animaux dont les espèces ont dès longtemps disparu. Ils attestent à la fois la haute antiquité de notre espèce et la marche identique que suivent, sur tous les points du globe, les essais rudimentaires de l'industrie humaine. En effet, pour les sauvages de l'Europe antéhistorique, aussi bien que pour les sauvages actuels de l'Afrique équatoriale et de la Polynésie, le silex remplace les métaux; c'est avec cette pierre que sont façonnées plus ou moins habilement les armes de guerre et de chasse et les instruments de travail. On peut donc dire que ce caillou si dédaigné aujourd'hui n'est pas pour l'homme primitif une matière moins précieuse, moins indispensable que n'est le fer pour les nations les plus civilisées et les plus industrieuses[1].

1 Voy. l'intéressant ouvrage de M. V. Meunier, *Les Animaux d'autrefois et l'Homme antéhistorique;* 1 vol. in-8°, Tours, Alfred Mame et fils, éditeurs.

VII

Le quartz. — Les grès. — Grès quartzeux. — Grès ferrifère.
— Grès houiller. — Pierres à aiguiser. — Pierre de touche. —
Grès monumental.

Lorsque la silice pure ou presque pure, au lieu de se trouver en cailloux arrondis ou en menus fragments disséminés, forme des amas considérables ou des agglomérations cristallines, elle prend le nom générique de *quartz* (ou *quarz*). Le quartz peut d'ailleurs être mélangé à d'autres substances minérales, et chacun de ces mélanges constitue pour le géologue et pour le minéralogiste une espèce distincte, caractérisée précisément par la nature de ces substances. Le nom de quartz est donc, en somme, à peu près synonyme de celui de silice ; seulement le second est plutôt un terme de chimie, servant à désigner l'oxyde de silicium, abstraction faite des différents aspects qu'il peut présenter, des combinaisons ou des mélanges dans lesquels il peut entrer ; tandis que le premier est un terme de minéralogie qui s'applique seulement à la matière siliceuse des grandes formations ignées ou métamorphiques. Cette courte explication était nécessaire pour faciliter l'intelligence des quelques pages où nous aurons plus d'une fois l'occasion d'employer les mots *quartz* et *quartzeux,* comme équivalents des mots *silice* et *siliceux.*

Nous dirons d'abord, par exemple, que les *grès* sont des roches agglomérées qui se composent essentiellement de grains de quartz réunis plus ou moins fortement par un ciment infiltré dans les interstices. Ce ciment est aussi quartzeux le plus souvent; mais les grains de silice pure peuvent être associés à d'autres de nature différente; en sorte qu'il y a des grès feldspathiques, amphiboliques, talqueux[1], etc. Quelquefois, mais rarement, le grès est mélangé de parties calcaires. Sa couleur est presque toujours celle du quartz, c'est-à-dire le gris ou le blanchâtre; mais on en trouve aussi qui est coloré en vert ou en rouge. La consistance du grès varie également : tantôt il est tendre et friable, tantôt il est extrêmement dur et

1 Le nom collectif de *feldspath* est donné en minéralogie à divers silicates alumineux très-durs, fusibles en émail blanc ou en verre huileux, cristallisables en prismes à clivage facile. Ces minéraux sont, dans les terrains de cristallisation, aussi abondants que les calcaires dans les terrains de dépôt. Ils forment quelquefois à eux seuls des bancs considérables; mais plus souvent ils entrent comme éléments dans des roches composées. L'*orthose*, qui n'est pas sans valeur comme pierre d'ornement et qu'on trouve disséminée dans le granit et dans le marbre rouge antique; l'*albite*, variété voisine de l'orthose; la *labradorite*, remarquable par ses reflets changeants, bleus, rouges, verts, etc., sont les types les plus remarquables de ce genre. L'*amphibole* est une espèce du genre des silicates magnésiens, où une partie de la magnésie peut être remplacée par de la chaux ou par d'autres bases telles que les oxydes de fer et de manganèse. La forme fondamentale de ses cristaux est le prisme oblique à base rhomboïdale. Cette espèce comprend plusieurs variétés, parmi lesquelles l'*amiante* se distingue par ses propriétés singulières. Nous nous en occuperons bientôt, ainsi que du talc, que nous venons de signaler comme étant souvent associé aux roches quartzeuses.

compacte. Les grès sont abondamment répandus dans tous les pays. Ils sont toujours accompagnés de sables quartzeux, et se présentent sous la forme de rochers irréguliers, à contours arrondis. Ces rochers, ordinairement aplatis, ont souvent une grande étendue. Les côtes de l'Océan, les forêts de Fontainebleau et de Marly et les environs d'Orsay en offrent des amas immenses, reposant toujours sur un terrain sablonneux, dont la nature est identique à la leur, et qui semble n'être que leur propre poussière.

Les grès se distinguent en plusieurs espèces, différant les unes des autres par les éléments secondaires qui se trouvent mélangés avec leur élément principal, le quartz. Je citerai les plus connues.

Le *grès quartzeux* proprement dit, ou gris blanc, est exclusivement formé de grains fins de sable. Il est blanc ou gris clair, ou légèrement coloré en gris plus foncé ou en rougeâtre, par des traces de matières étrangères. Le grès de Fontainebleau appartient à l'espèce des grès quartzeux. On exploite cette roche sur une grande échelle, pour le pavage des villes. Le grès blanc ne s'emploie guère dans les constructions; mais, à raison de son inaltérabilité, on en fait des cuves, des bassins, des obturateurs pour les appareils à fabriquer l'acide chlorhydrique, le sulfate de soude et le chlore.

Le *grès ferrifère* est à grains fins, à ciment siliceux, à cassure luisante. Il renferme tantôt du fer hydraté, tantôt du fer oligiste. Ces minerais y sont quelquefois même en assez forte proportion pour qu'on exploite le grès, afin d'en retirer le métal. Les grès ferrifères qu'on trouve en France appartiennent aux terrains secondaires supérieurs, et constituent la plupart de nos grès rouges, bruns et orangés. Le grès rouge existe dans l'Amérique du Sud et en Australie. En Égypte, il est assez commun, et on le retrouve dans plusieurs vieux monuments de ce pays. En France, il ne sert qu'au pavage des rues, au dallage des trottoirs et à d'autres usages analogues.

Le *grès houiller* offre une teinte terne et terreuse due au schiste, dont il renferme quelquefois de 30 à 50 p. %. Son grain est fin ; ses parties sont liées par un ciment quartzeux. Il est très-tenace. A cette espèce se rattachent les grès phylladiens, qui sont schistoïdes, souvent tabulaires et presque toujours micacés, ce qui donne à leur surface un aspect satiné. C'est, de préférence, avec les grès rouges et les grès houillers qu'on fabrique les meules pour user ou polir les corps durs, tels que le grès, l'acier, le verre et les pierres fines. Il est important que le grès destiné à cette application soit d'une grande ténacité : les grandes meules en grès, en effet, plus encore que les meules en granit, sont sujettes à éclater tout à coup avec une sorte d'explosion, par l'effet de la force centrifuge, lorsqu'on leur imprime un mouvement de rotation très-rapide. Aussi est-il prudent de les cercler en fer ou de les enfermer dans un bâti solide ; sans quoi les ouvriers qui travaillent dans les ateliers où elles fonctionnent sont exposés à de graves accidents. Les *queux* ou pierres à faux sont fournies par le grès phylladien. Il en est de même de la plupart des pierres à repasser ou à aiguiser, qui ne sont, en général, que des schistes alumino-siliceux plus ou moins durs, mais toujours d'un grain fin et homogène.

La *pierre de touche* est un de ces schistes; son nom minéralogique est *phtanite* ou *aphtanite*. Cette pierre est noire, naturellement rugueuse, mais susceptible d'un beau poli, très-dure, d'un grain extrêmement fin et serré, analogue, en un mot, aux bonnes pierres à aiguiser. Les anciens la connaissaient, et la tiraient de l'Asie Mineure; d'où le nom de *pierre de Lydie,* sous lequel elle est souvent désignée. On la trouve actuellement en Italie, en Saxe, en Bohême et en Silésie. On utilise, dans les essais de matière d'or et d'argent, la double propriété que possède la pierre de touche, de conserver les traces très-visibles des métaux qu'on y frotte avec une certaine force, et de n'être pas attaquée par les acides dont on fait usage pour ces essais.

Il serait trop long d'énumérer les autres espèces et variétés de grès que nous offre la nature. Presque toutes sont ou peuvent être employées dans les arts, et leurs usages sont toujours à peu près les mêmes, c'est-à-dire qu'ils consistent dans le dallage et le pavage des voies, dans la construction des édifices et dans un petit nombre d'applications spéciales. Ainsi les grès peuvent avoir une porosité qui les rende très-propres à la confection des filtres pour la clarification de l'eau. Ceux

des Canaries, du Guipuscoa et de la Navarre jouissent
sous ce rapport d'une certaine réputation. Leur texture
leur permet de retenir toutes les impuretés qui trou-
blent la limpidité de l'eau, tandis que ce liquide les
traverse sans se charger d'aucun sel ni d'aucune autre
substance soluble.

On rencontre quelquefois dans les terrains sédimentaires anciens de très-beaux grès pourprés, homogènes,
compactes, à grain très-fin, et susceptibles de recevoir un très-beau poli. Tel est, par exemple, le grès
pourpré et aventuriné que Cordier a proposé d'appeler
grès monumental, et qu'on extrait des carrières de
Schokscha, sur le bord occidental du lac Ladoga, à
quelques lieues au nord-est de Saint-Pétersbourg.
La basilique de Saint-Isaac, un des plus beaux monuments de cette capitale, en est en partie construite;
et à Paris même, on l'a employé pour le tombeau de
Napoléon Ier, aux Invalides. Lorsque les grès sont durs
et consistants, ils fournissent d'assez bonnes pierres
d'appareil; mais ils sont loin de se prêter aussi bien
que les calcaires à la délicatesse de la taille. Leur
texture aigre et cassante les fait s'égrener sous la
pression et sous le choc. Cependant les grès durs de
Fontainebleau, de Palaiseau, etc., se débitent aisément
en cubes et en plaques; mais ce travail exige des mains
exercées et sûres. Les *grès cérames,* dont on fait les
vases dits *de grès,* sont des pâtes dont l'élément essentiel est l'argile plastique, et qui ne renferment que fort
peu de grès proprement dit.

VIII

Les granits.

Le *granit* (ou *granite*) est une roche feldspathique, qui doit son nom à sa contexture agrégée et grenue par excellence. Outre le feldspath qui en forme environ les deux tiers, quelquefois même les trois quarts, cette roche contient une proportion notable de quartz, quelques centièmes de mica, et, accidentellement, de la pinite et de l'amphibole. Sa couleur dépend des teintes du feldspath et du mica, qui sont très-variables. Dans le granit commun, les éléments constitutifs sont à peu près tous de même grosseur ; dans le granit porphyroïde, les cristaux de feldspath atteignent quelquefois une longueur de 10 à 15 centimètres ; mais le diamètre des grains n'est ordinairement que de 3 à 8 millimètres. La pinite se montre dans le granit sous forme de petites taches d'un vert noirâtre, disséminées entre les éléments essentiels ; elle donne à cette pierre une grande ténacité. On la rencontre surtout dans les granits de l'Ardèche, où elle existe souvent dans la proportion de 10 à 12 p. %, et dans ceux du Cotentin, qui sont fort employés à Paris pour la construction des trottoirs. L'amphibole ne se trouve jamais dans le granit qu'en très-petite quantité.

D'après Ch. d'Orbigny, le granit est un produit des

premières dislocations de l'écorce du globe, et doit
être rapporté aux époques géologiques les plus anciennes. De même que toutes les roches primordiales,
il n'est jamais stratifié, et ne présente aucun délit, ni
même aucun fil. Dans certaines localités, il se désagrége
et se décompose sous l'influence des agents atmosphériques; mais, en général, il est à la fois d'une extrême
dureté et d'une grande inaltérabilité; ce qui, joint à
son bel aspect à la fois brillant et sévère, et au poli
dont il est susceptible, le rend très-propre aux constructions monumentales. L'étendue de ses masses
permet d'ailleurs d'en tailler des blocs monolithiques
dont les dimensions n'ont, pour ainsi dire, d'autres
limites que les forces dont on dispose pour les déplacer.
Les anciens Égyptiens allaient chercher cette roche à
de grandes distances et la transportaient en masses
énormes pour la construction de leurs monuments
religieux et de leurs grands édifices, tandis qu'autour
de leurs cités se trouvaient des calcaires et des grès
facilement exploitables. Leurs sphinx, leurs obé-
lisques, leurs pyramides, tous ces ouvrages gigantesques qui se sont conservés presque intacts à travers
les siècles jusqu'à nos jours, prouvent que les architectes égyptiens avaient su reconnaître la dureté et
l'inaltérabilité, devenues proverbiales, du granit. Les
Romains aussi faisaient grand cas et grand usage du
granit; mais cette pierre fut entièrement abandonnée
pendant tout le moyen âge, et ne reprit quelque faveur
dans les arts qu'à l'époque de la Renaissance. Son

emploi durant l'ère moderne et de nos jours est incomparablement moins étendu qu'il ne l'était, non-seulement chez les anciens, mais en Europe même, au temps de la domination romaine. Toutefois on exploite actuellement des carrières de granit avec plus ou moins d'activité dans plusieurs contrées de l'Europe, notamment en Piémont, en France, dans le Wurtemberg, en Suède et en Écosse.

En France, les carrières les plus riches sont celles des Vosges, de la Normandie et de la Bretagne. Le granit des Vosges provient en majeure partie de Cornimont et de la vallée de la Bresse. Le granit *feuille morte,* qu'on extrait à Saint-Maurice, au pied du Ballon d'Alsace, et dans la vallée des Charbonniers, est une *syénite* (mélange de feldspath et d'amphibole). Au Ballon de Servance, la syénite présente une belle couleur rouge et se rapproche du granit égyptien.

Dans l'ouest de la France, on exploite des granits gris fortement micacés et à grains fins, près de Vire, de Saint-Brieuc et de Sainte-Honorine. A Bois-de-Gast, près de Saint-Sever, on trouve un granit blanc, à petit grain, et à Flamanville, un granit porphyroïde amphibolique. Tous les granits de Normandie et de Bretagne sont homogènes et compactes; ils se taillent avec facilité et se débitent souvent en larges dalles. On s'en sert aussi pour les soubassements, les marches d'escaliers, les seuils; et alors ils remplacent avec avantage les pierres calcaires, qui s'usent et se détruisent beaucoup plus rapidement. Ils peuvent être

4

obtenus en blocs de toutes dimensions, et l'on en trouve
qui sont plus grands que l'obélisque de la place de
la Concorde. Ces granits sont aussi très-propres à la
confection des meules. Sur nos côtes on fait grand
usage du granit pour les constructions hydrauliques,
les jetées, les ports, les bassins, les phares, etc.

En Écosse, on exploite deux variétés de granit : la
première, rouge et à gros grain, se trouve près de
Peterhead; elle ressemble par son aspect au granit syénitique du Ballon de Servance (Vosges). La
deuxième variété est grise et à petit grain; celle-ci se
trouve à Mongruy, près d'Aberdeen; elle est plus rare
que la précédente, plus durable, résiste bien à l'action
de l'air et conserve parfaitement le poli. On exploite
aussi dans la Grande-Bretagne les granits du Cornouailles, notamment de Cheswring, avec lesquels on
a construit à Londres les ponts de Waterloo et de
Westminster.

Les granits de Wurtemberg, qu'on exploite à Ro-
thenberg, à Enzklœsterle, à Schromberg, au Rauh-
felsen et dans la vallée de Murg, prennent bien le poli
et se prêtent aux constructions monumentales; enfin
le granit de Suède, qui se tire principalement des
environs de Stockholm, est gris blanchâtre; mais le
poli lui communique une teinte plus foncée, et fait
ressortir les taches noires dont il est parsemé.

IX

Les porphyres.

Le mot *porphyre,* si l'on s'attachait à son étymologie, (en grec πορφύρα, pourpre), ne devrait s'appliquer qu'aux variétés rouges de roches siliceuses enveloppant des cristaux de feldspath; mais on s'en sert généralement pour désigner un grand nombre de roches offrant, avec une composition analogue à celle que nous venons d'indiquer, des couleurs variées et tranchées, et une grande dureté. Le pétrosilex, l'amphibole et le feldspath, tels sont les éléments essentiels et dominants de cette pierre; elle renferme souvent, en outre, du quartz, du mica, du fer, de l'argile, etc., et la masse qui en constitue le fond est toujours colorée par des oxydes métalliques. La plupart des minéralogistes divisent, avec Cordier, les porphyres en six espèces principales : le porphyre *syénitique,* le porphyre *pétrosiliceux,* le porphyre *argiloïde,* le porphyre *leucostinique* ou *trachytique,* le porphyre *dioritique* et le porphyre *protogynique.* Toutes ces espèces sont d'origine plutonienne et appartiennent aux terrains les plus anciens. Au point de vue des arts et de l'industrie, on peut distinguer deux grandes catégories de porphyres, à savoir : ceux que la beauté de leurs nuances, la finesse de leur grain, leur aptitude à recevoir le

poli rendent propres aux arts d'ornement, et ceux qui,
offrant des teintes plus sombres et plus ternes et se
prêtant mal au polissage, doivent surtout leur valeur
à leur dureté et peuvent être utilisés comme matériaux de construction. Les plus intéressants sont :
parmi les premiers, ceux d'Égypte, de Grèce, de
Toscane, de Suède et de France ; parmi les seconds,
ceux du Piémont, d'Algérie et surtout de Belgique.
Commençons par les premiers.

Porphyres décoratifs. — C'est de l'Égypte que les
anciens tiraient le magnifique porphyre rouge qu'on
retrouve encore dans un grand nombre de leurs monuments et de leurs statues. Ce porphyre, si remarquable par ses belles nuances et par l'éclat de son
poli, est d'une extrême dureté, ce qui en rend l'exploitation très-difficile, très-coûteuse, et l'a fait abandonner depuis bien des siècles. Aussi bien faudrait-il,
avant tout, retrouver les gisements, aujourd'hui perdus, de cette pierre qu'on est obligé de chercher, en
Grèce et en Italie, parmi les ruines.

La manufacture de mosaïque de Florence possède
des approvisionnements considérables de ce porphyre
rouge antique. On sait que l'art de le tailler, de le
sculpter et de le polir, transmis par les Égyptiens
aux Grecs et aux Romains, s'était perdu pendant la
première période du moyen âge. Cet art, retrouvé
il y a quelques siècles par les maîtres florentins, avait
été de nouveau perdu, ou du moins oublié. En France,
il existe à peine, et nous ne connaissons guère, en

fait d'ouvrages en porphyre exécutés dans notre pays,
que les vases sculptés sous Louis XIV pour le palais
de Versailles. C'est encore à Florence que la sculpture
du porphyre d'Égypte a été récemment remise en

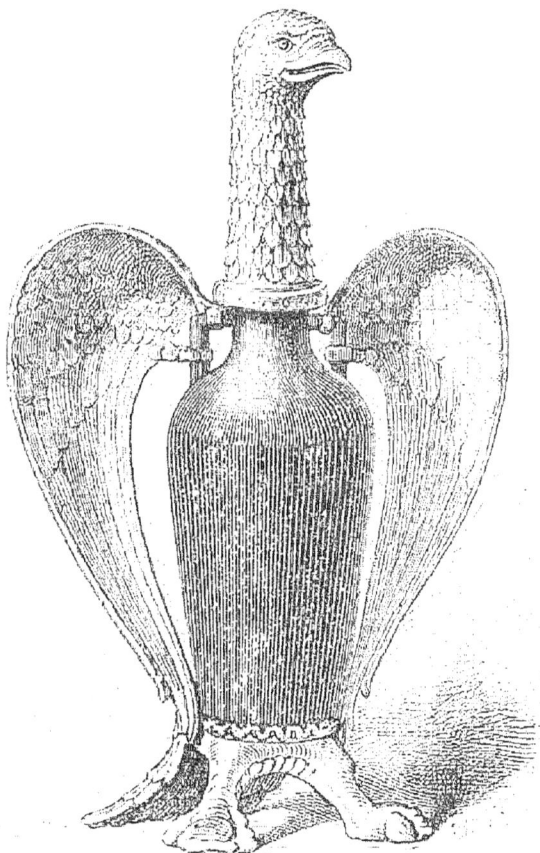

Vase en porphyre et argent doré. — Nº 248 du catalogue
du Musée impérial (XIIᵉ siècle).

honneur, et l'exposition universelle de 1855 offrait,
dans ce genre, des ouvrages d'une exécution parfaite.

On peut ranger parmi les porphyres d'Égypte la

brèche universelle, appelée par les Italiens *breccia verde d'Egitto* (brèche verte d'Égypte), et dont la même exposition offrait des spécimens assez volumineux. Le musée du Louvre possède d'ailleurs plusieurs objets faits de cette matière. La variété à fond vert paraît avoir été la plus recherchée par les anciens. « La *brèche universelle*, dit Jomard, tire son nom d'une quantité de fragments roulés appartenant à des roches très-diverses, savoir : granits, porphyres, pétrosilex et autres. Ces fragments arrondis, de couleur rose, grise, verdâtre, noire, etc., ont une grande dureté; ils sont enveloppés dans une pâte de pétrosilex verdâtre, qui n'est pas moins dure. Les carrières où l'on exploitait la brèche universelle ont été retrouvées par les minéralogistes de l'expédition d'Égypte, à une douzaine de lieues de Kéné, dans la chaîne Arabique, non loin de la vallée de Kasséir et du chemin allant du Nil à la mer Rouge. Les Égyptiens en ont extrait des blocs de très-grandes dimensions.... On peut regarder la brèche universelle comme une des matières les plus dures, les plus riches en couleurs et les plus belles qui existent sur le globe. »

La Grèce, si riche en beaux marbres, possède aussi une espèce de porphyre non moins précieuse que les porphyres d'Égypte, et qui ne se trouve point ailleurs. C'est le porphyre *vert antique*, dont le fond, d'un beau vert, contient des cristaux de feldspath-labrador verdâtre, et quelques grains d'angite noir (matière charbonneuse). Les carrières de ce porphyre, exploitées en grand par les anciens, ont été retrouvées près de Crocées, entre Sparte et Marathon.

Il existe en Toscane quelques carrières de porphyres ; néanmoins la plus grande partie de ceux qu'on trâvaille à Florence provient, soit des monuments anciens, soit de la Corse, de l'Égypte et de la Grèce.

En France, c'est dans les Vosges et surtout dans la Haute-Saône qu'on rencontre des gisements de pierres dures propres à la sculpture. Ces roches sont des granits porphyriques, des syénites et des porphyres proprement dits, appartenant, en général, à l'espèce que M. Brongniart a désignée sous le nom de *mélaphyre*, à cause des taches noires que présente sa pâte, et qui paraissent dues à une petite proportion de matière charbonneuse. A Belfahy, il existe un mélaphyre qui ressemble beaucoup au porphyre vert de Grèce. On en a trouvé à Bourbach-le-Haut une autre variété à fond violacé, avec de grands cristaux de feldspath vert clair, des grains d'angite noir et du fer oxydulé.

Dans la presqu'île scandinave on rencontre, aux environs d'Elfdalen, d'assez riches gisements de porphyres. Le plus beau consiste en une pâte brune veinée de quartz et parsemée de cristaux d'orthose rosée, quelquefois d'un peu de feldspath, de granit et de fer oligiste. On extrait aussi, aux environs d'Elfdalen, des porphyres à fond rouge et à fond vert. Toutes ces roches sont très-dures, et leur travail présente de grandes difficultés.

Porphyres usuels. — On fait, dans le nord de l'Italie, un assez fréquent usage de granits porphyriques pour le dallage et la décoration des édifices. Le porphyre brun-rouge, de Santo-Antonio, rappelle même, par sa pâte et par sa couleur, le porphyre rouge antique.

En Algérie, le porphyre trachytique est assez abondant aux environs de Philippeville (province de Constantine) pour qu'on l'emploie dans les constructions. Sa couleur est verdâtre pâle. Il se taille assez aisément. Mais c'est la Belgique qui possède les plus importantes carrières de porphyre usuel; ou du moins c'est là que l'extraction de cette pierre se pratique le plus en grand. Il existe à Lessines et à Quenast d'immenses gisements qu'on exploite d'une manière très-suivie, pour la fabrication des pavés. Le porphyre de Lessines est une des roches les plus compactes et les plus tenaces que l'on connaisse. Il résiste très-bien aux agents atmosphériques, ainsi qu'au choc et à l'écrasement. Les pavés taillés dans cette matière ne s'égrènent pas comme certains grès. En revanche ils ont l'inconvénient, qui leur est commun avec toutes les roches feldspathiques, de se polir par l'usure, et de devenir très-glissants. Ce porphyre a néanmoins pris faveur à Paris depuis quelques années, et l'on remédie assez bien à l'inconvénient que je viens de signaler en donnant aux pavés les plus petites dimensions possibles.

X

La serpentine. — Le jade.

La *serpentine* (ou *ophite*), par son aspect, par ce qu'on peut appeler ses propriétés usuelles et par ses applications, se rapproche à la fois des marbres et des porphyres; mais elle diffère notablement des uns et des autres par son origine, par sa composition chimique et par ses caractères physiques. C'est le type des roches à base d'hydrosilicate de magnésie. Elle est formée par une combinaison ou un mélange de silicate et d'hydrate de magnésie. Elle n'a pas, à beaucoup près, la dureté du porphyre, ni même celle du marbre. Elle est facile à tailler, à découper et même à travailler au tour; mais elle a sur le marbre l'avantage d'être réfractaire, de résister très-bien à l'action du feu. Elle prend d'ailleurs par le poli un éclat égal à celui des plus belles pierres d'ornement. Sa couleur est d'ordinaire un vert plus ou moins foncé; toutefois elle peut aussi se présenter avec des teintes très-variées, et passer même au brun-marron et au rouge vif. Ses nuances sont souvent disposées d'une façon qui lui donne l'aspect d'une peau de serpent; d'où ses deux noms : l'un simplement français, l'autre d'étymologie grecque (ὄφις, serpent). Elle ne s'altère point à l'air, ou du moins ne subit qu'une altération très-lente et à peine

4*

sensible; en revanche elle est friable et cassante. Les bancs naturels qu'elle forme sont presque toujours traversés par de longues fissures; en sorte qu'il est difficile d'en obtenir des blocs de grandes dimensions.

L'espèce qui nous occupe comprend plusieurs variétés et sous-variétés.

La *serpentine commune* est opaque, de couleurs mélangées et généralement foncées. Dans le canton des Grisons (Suisse) et dans le Piémont, où elle se trouve en masses assez considérables, on l'emploie à la fabrication de poteries de ménage, et notamment de marmites. C'est pourquoi les minéralogistes l'ont appelée pierre *ollaire* (du latin *olla*, marmite). Ces poteries se font au tour, et vont très-bien au feu.

La *serpentine noble*·est translucide, d'un vert poireau· ou pistache ordinairement uniforme. On en fait des vases d'ornement, des coffrets, des tabatières, des presse-papiers, etc.

La *serpentine lamellaire*, ou *marmolite* de Nuttal, se trouve exclusivement dans le New-Jersey. Elle est, comme son nom l'indique, formée de lames ou couches superposées, de nuances diverses. Enfin les variétés les plus estimées sont celles que Brongniart appelle *ophicalces*. Elles sont complétement pénétrées par des veines nombreuses d'une chaux carbonatée blanche, spathique, qui joue le rôle de ciment entre les fragments de serpentine, et donne à la pierre plus de cohésion. Les ophicalces, grâce à cette propriété, sont recherchées pour la marbrerie.

L'Italie possède de nombreux et riches gisements
de serpentine. On exploite dans la commune de
Bassalino, près de Suze, une ophicalce dite *vert de
Suze*, à fond vert clair, avec des veines calcaires
blanches. Le val de Sesia fournit une autre serpentine
d'un très-beau vert, qui souvent rappelle le *vert antique* des Romains. Le *vert de Peglé* (environs de
Gênes) est aussi une ophicalce, composée de frag-

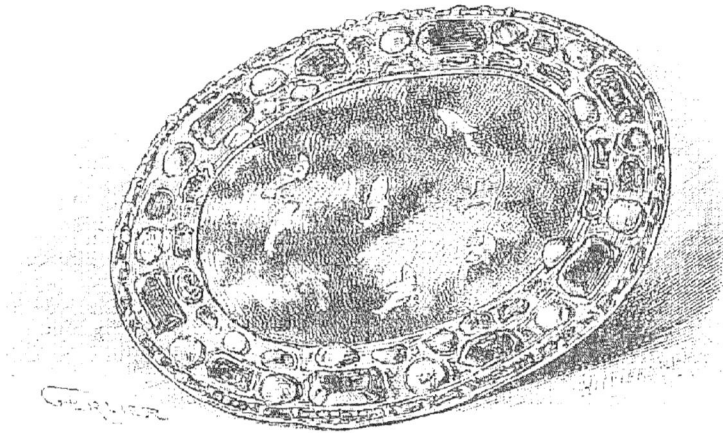

Patène de calice en serpentine noble. — N° 276 du catalogue
du Musée impérial.

ments de serpentine vert foncé disséminés dans un
ciment de chaux carbonatée, d'un vert très-clair. Le
vert de Gênes montre des fragments de serpentine
d'un vert quelquefois noirâtre ou d'un brun plus
ou moins rouge, enchâssés dans une pâte calcaire
blanche ou verdâtre, qui est toujours abondante.

L'*oficalce di Levante* a une texture bréchiforme
bien caractérisée. Les fragments de serpentine, disséminés dans la masse calcaire, lui donnent une couleur

rouge foncé ou lie de vin. Cette pierre se travaille plus difficilement que les autres serpentines ; mais elle prend à merveille le poli. Elle est connue en France sous le nom de *rouge de Gênes*.

D'autres serpentines de nuances et de qualités diverses, dont l'énumération serait ici. hors de propos, sont fournies par la Corse, le midi de la France, les environs de Salzbourg, de Gastein et de Lind (Autriche), le comté de Cornouailles (Angleterre), la Grèce, l'Algérie, l'Inde et le Canada. Une des plus belles que l'on connaisse est celle du cap Lizard, près de Penzance, dans le Cornouailles. Elle est d'un vert olive plus ou moins foncé, avec des taches nuancées de brun, de rouge-marron ou de rouge-cerise. Cette pierre est exploitée par une compagnie (*London and Penzance serpentine Company*), qui livre annuellement au commerce pour 150 ou 200,000 francs de produits.

Le rôle que la serpentine joue dans les arts et dans l'industrie est, en résumé, à peu près le même que celui du marbre, bien qu'elle soit moins répandue. Sa valeur est bien inférieure à celle du porphyre, qui, à son tour, le cède de beaucoup, tant sous ce rapport que sous celui de la dureté, à une autre pierre siliceuse, le *jade*, peu connu en Europe, mais fort estimé des Orientaux. Le jade est composé de silice, d'alumine et d'oxyde de fer. Il ne brille pas par la vivacité de ses couleurs, et il ne se polit qu'assez imparfaitement. Sa teinte est tantôt d'un blanc laiteux, tantôt d'un vert

olivâtre. Néanmoins les Chinois et les Hindous font
du jade le plus grand cas, soit à cause de sa prodigieuse dureté, soit plutôt à cause des vertus imagi-
naires qu'ils lui attribuent, comme, par exemple, de
calmer instantanément les coliques néphrétiques, par
sa simple application *in parte dolenti*. De là le nom de
jade néphrétique qu'on donne à cette pierre pour la
distinguer de quelques autres minéraux avec lesquels
elle pourrait être confondue. L'origine du jade est peu

Plateau et tasse, jade oriental. — Nos 175 et 176 du catalogue
du Musée impérial.

connue. Ce qui en est venu de l'Orient en Europe
était soit en cailloux roulés de médiocre grosseur, soit
en objets travaillés avec plus ou moins d'art. Ces objets
sont des vases, des amulettes et des manches de sabre
ou de poignard. Leur rareté et leur provenance loin-
taine les font rechercher des amateurs de curiosités,
qui les paient fort cher, et on ne les rencontre guère
que dans les musées ou dans les collections réunies
par de riches particuliers.

XI

Les agates. — Calcédoine. — Sardoine. — Cornaline. — Chrysoprase. Héliotrope. — Onyx. — Agates figurées.

Nous avons dit plus haut que l'*agate* n'est autre chose qu'une espèce de silex. On comprend, en effet, sous ce nom plusieurs variétés minérales se rapprochant beaucoup du silex commun par leur composition chimique et leurs caractères physiques et minéralogiques, mais se distinguant de ce vulgaire caillou par leur pâte fine, par leur aptitude à recevoir le poli et par la vivacité de leurs couleurs. Le mot *agate* est dérivé, selon Théophraste, du nom du fleuve Achates, en Sicile, près duquel auraient été trouvées les premières agates. Quoi qu'il en soit, ces pierres sont des masses concrétionnées ; ce qui se reconnaît à leur forme ovoïde et à leur disposition en couches concentriques, très-visibles le plus souvent, grâce à la variété de leurs teintes, et qu'on dirait moulées sur une sorte de noyau creux et ovale qui occupe presque toujours le centre de la masse. On attribue leur formation aux dépôts successifs de certains tufs volcaniques ou d'anciennes roches d'origine ignée, et l'on suppose qu'elles ont été ensuite roulées et remaniées dans le lit des fleuves et des torrents.

On trouve des agates à peu près dans toutes les

contrées de l'Europe. Celles d'Orient jouissaient autrefois d'une réputation qui les faisait préférer à celles
d'Occident; et aujourd'hui que ce préjugé a disparu,
on appelle encore, dans le commerce, *agates d'Orient*
celles de qualité supérieure, et *agates d'Occident* celles
de qualité inférieure.

Les gisements d'agates les plus renommés sont
ceux d'Oberstein, ou plutôt de Galzenberg, sur le
Rhin, en Allemagne; de Cairngorn, en Écosse, et de
Radjpeplà, province de Goudjerat, dans l'Inde. Il en
existe aussi de très-abondants en Silésie, en Sicile,
à Ceylan, au cap de Bonne-Espérance. Enfin on aurait découvert, il y a quelques années, à Champigny,
sur les bords de la Marne, à peu de distance de Paris,
de fort belles agates rubanées (*onyx*); mais ce gisement a été en peu de temps épuisé.

Les minéralogistes et les lapidaires classent les
agates en un assez grand nombre de variétés, d'après
leur couleur, leur transparence, la disposition ou la
forme des dessins qu'elles présentent. Telles sont
la *calcédoine*, la *sardoine*, la *cornaline*, la *chrysoprase*, l'*héliotrope*, la *chélidoine*, les agates *onyx*
ou *rubanées*, *arborisées*, *mousseuses*, *panachées*,
ponctuées, etc.

Les *calcédoines* ou *cornalines blanches* n'ont qu'une
transparence nébuleuse. Elles sont ordinairement d'un
blanc laiteux légèrement bleuâtre : on les nomme
alors *calcédoines vraies*. Mais les plus estimées sont
celles dont la teinte est gris de lin tirant sur le bleu

céleste, et qu'on désigne par l'épithète de *saphirines*. Les joailliers donnent souvent, par analogie, la qualification de *calcédoniennes* ou *calcédonieuses* à des pierres autres que l'agate, dont la transparence est obscurcie par des nébulosités accidentelles. C'est ainsi qu'on connaît des saphirs et des rubis calcédoniens — ou calcédonieux.

Les calcédoines se trouvent principalement dans les terrains bitumineux de l'Inde, de la Russie asiatique, de la Transylvanie, des bords du Rhin et de l'Amérique septentrionale, sous la forme, soit de stalactites cylindriques ou coniques, soit de masses mamelonnées, soit enfin de géodes ovoïdes ou sphéroïdales, qui tantôt enveloppent un noyau de poussière hétérogène ou de carbonate de chaux; tantôt sont creuses et tapissées à l'intérieur de cristaux diversement colorés; tantôt enfin contiennent dans leur cavité une goutte d'eau. Ces dernières calcédoines, appelées *enhydres,* ne dépassent guère la grosseur d'un œuf de pigeon. La gouttelette d'eau, mobile dans la cavité qu'elle ne remplit point, leur donne un aspect tout particulier. Elles paraissent exclusivement propres aux terrains volcaniques, et on ne les a tirées, jusqu'ici, que d'une colline appelée le Maïn, et située sur le territoire de Sienne, en Italie.

Les *sardoines* sont des agates nuancées de roux et de brun, sur un fond jaune-orangé. Leur cassure est très-lisse, comparée à celle des autres agates, qui est toujours plus ou moins écailleuse. On assure que

Scipion l'Africain fut le premier qui fit connaître la sardoine en Europe. Il en rapporta une qui venait d'Arabie, et qui fut estimée alors, comme toutes les productions de l'Orient, à une très-haute valeur. Aujourd'hui encore cette variété d'agate est assez rare et fort recherchée. Elle vient le plus souvent de l'Inde.

La *cornaline* peut offrir presque toutes les nuances comprises entre le rouge cerise et l'orangé foncé. Elle a très-peu de transparence; mais elle est d'une pâte fine, et susceptible du plus beau poli. Les cornalines les plus estimées sont d'un beau rouge uni ou veiné de brun. On les appelle cornalines de *vieille roche*. Les anciens les nommaient cornalines *mâles*. Ils mettaient du féminin les cornalines communes, dont la couleur fondamentale est moins vive et semée de taches jaunâtres. Les cornalines de vieille roche nous viennent d'Oberstein, où elles sont apportées du Japon par des marchands qui les échangent contre des pierres taillées du pays. Les autres cornalines se tirent des Indes, de l'Asie Mineure et des îles de l'Archipel. L'origine géologique de la cornaline paraît être la même que celle de la calcédoine, et ces deux variétés d'agate se montrent assez souvent dans les mêmes gisements.

La *chrysoprase,* ou simplement *prase,* est d'un vert pâle uni. Sa cassure est légèrement écailleuse; elle se trouve en morceaux irréguliers, quelquefois en couches de peu d'épaisseur, dans certaines roches magnésiennes de la Haute-Silésie, notamment dans les

environs de Kosmütz et dans la montagne de Glasen-
dorf, où son extraction constituait, au siècle dernier,
une industrie très-active et très-florissante sous la
haute protection de Frédéric II, roi de Prusse.

L'*héliotrope* ou *agate ponctuée*, très-connue des
anciens, est demi-transparente. Sa coloration est
tantôt d'un vert sombre uniforme, tantôt mêlée de
vert et de jaune distribués par grandes taches, et
toujours semée d'une multitude de points jaunes,
bruns ou d'un rouge de sang. Dans ce dernier cas, on
la désigne quelquefois sous le nom de *jaspe bijoutier*,
ou *jaspe sanguin*. Ces noms sont impropres, l'agate
ne devant pas être confondue avec le jaspe, qui est
toujours complétement opaque. Il existe aussi une
sorte d'agate ponctuée ou héliotrope, dont les points
rouges sont tellement rapprochés, qu'ils couvrent
presque le fond blanc, et que, vu d'une certaine distance, ce mélange prend une teinte rosée.

Les *onyx* ou *agates rubanées* sont formées de couches
concentriques ou parallèles, offrant des teintes très-
variées. Ces agates ont été de tout temps fort recherchées comme pierres à ciseler pour les camées, parce
que la figure peut s'y détacher sur un fond d'une autre
couleur. L'onyx ressemble d'ailleurs aux autres agates
par sa constitution chimique, par sa dureté, par la
finesse de sa pâte et par son aptitude à recevoir le poli.
Sa valeur dépend du nombre des couches dont il est
formé, de leurs teintes plus ou moins vives et de leur
parallélisme plus ou moins parfait. Les onyx à couches

planes sont les plus recherchés. Lorsqu'ils ont une ou deux de ces couches d'un rouge vif, ils prennent le nom de *sardonyx*. Lorsque sur une couche d'un brun ou d'un rouge foncé s'étend une autre couche d'un blanc bleuâtre, l'onyx est appelé *onicolo* ou *nicolo*.

Burette onyx. — Nᵒ 276 du catalogue du Musée impérial.

Les plus beaux onyx ne présentent guère plus de quatre ou cinq couches superposées. On les tirait de l'Asie, de la Toscane et de la Sardaigne; maintenant les onyx nous viennent souvent de Bohême, et particulièrement des environs d'Oberstein.

Les diverses collections publiques et particulières
de l'Europe possèdent plusieurs beaux échantillons
d'onyx sculpté en camée. Je citerai entre autres
l'*onicolo* du muséum de Paris, qui représente la *piété
militaire;* le camée gravé sur une pierre de la même
variété, par Coïnus, et qui représentait Adonis à la
chasse; le fragment qui existe encore à Rome, et
sur lequel on voit Achille recevant la nouvelle de la
mort de Patrocle; les magnifiques échantillons que
possède la bibliothèque impériale de Paris : Antonin
et Faustine, Agrippine et ses enfants, Jupiter, etc.; le
grand camée d'Alexandre et Olympia, appartenant à
la famille Bracciano; enfin la coupe dite *Capo-di-monte,*
du musée de Naples.

Les autres agates dont il nous reste à parler peuvent
être comprises sous la dénomination d'agates *figurées,*
parce que les veines y dessinent des figures capri-
cieuses et quelquefois d'un très-heureux effet. Parmi
ces agates, les unes sont dites *arborisées* ou *herborisées*
ou *mousseuses,* ce qui indique que leurs veines et
leurs taches sont disposées de manière à représenter
des plantes ramifiées ou touffues; les autres sont dites
panachées ou *tachées,* parce que leurs diverses couleurs sont mélangées sans symétrie et sans qu'on
y puisse démêler aucun dessin appréciable; d'autres
enfin offrent des images plus ou moins correctes de
fleurs, de papillons, etc. Les arborisations sont dues,
à ce qu'on croit, à la présence des particules métalliques qui se sont disposées symétriquement à mesure

que la substance de la pierre, d'abord molle, se soli-
difiait par le refroidissement; elles rappellent parfaitement les cristallisations que la glace forme en hiver
sur les carreaux de vitre. Quant aux autres dessins
qu'on remarque dans les agates figurées, ils se sont
produits en vertu de causes variables sans doute à
l'infini. Les belles agates arborisées viennent de
l'Arabie, et sont quelquefois désignées sous le nom
de *pierres de Moka*.

L'agate est, en résumé, une des plus belles substances minérales que nous possédions pour la fabrication des objets d'art, d'ornementation et de joaillerie.
On en fait des breloques, des camées, des tabatières,
des manches de cachets, de couteaux à papier et même
de poignards; les variétés les plus communes servent
à faire des billes à jouer. Comme le silex, l'agate étincelle sous le choc du fer. Aussi, avant l'invention des
armes à percussion, la taillait-on assez souvent en
pierres pour les pistolets et les fusils de luxe. On en
fait encore, à raison de sa dureté, des mortiers, des
tables et des molettes dont on se sert dans les laboratoires et dans quelques industries pour réduire certaines substances en poudre très-fine, ou, comme on
dit, pour les *porphyriser*.

XII

L'obsidienne. — L'œil-de-chat. — L'aventurine. — La pierre d'iris.
Le jaspe.

On a donné à tort le nom d'*agate noire* à l'*obsidienne*, qui est un minéral à base de feldspath, très-dur, d'un aspect vitreux ou émaillé, souvent porphyroïde. La couleur de cette pierre est variable ; il en existe de noires, de vertes, de rouges, de jaunes. Son origine est évidemment volcanique. On ne lui connaît pas de forme cristalline, et on la trouve toujours en masses globuleuses ou amygdaloïdes. L'obsidienne est commune en Islande, au Mexique et dans les Andes du Pérou. Les Mexicains et les Péruviens la façonnaient autrefois en couteaux et autres ustensiles. C'est avec un poignard à lame d'obsidienne que les prêtres aztèques, après avoir étranglé sur l'autel les victimes humaines, leur arrachaient le cœur pour l'offrir à leur dieu : un fort vilain dieu, que mes lecteurs ont pu contempler au musée mexicain de l'exposition universelle de 1867, et qui certes ne leur aura inspiré aucun sentiment de vénération. Les Péruviens faisaient aussi avec l'obsidienne des miroirs ; d'où le nom de *miroir des Incas* qu'on a donné à cette pierre. En Europe, elle est employée dans les arts d'ornement ; mais elle a peu de valeur. On lui préfère généralement les agates, le jaspe et les autres pierres analogues.

. Cependant quelques auteurs regardent comme une variété d'obsidienne une pierre rare, d'un très-bel et très-curieux effet, qui paraît appartenir, en tout cas, au même genre minéral. Je veux parler du véritable *œil-de-chat*, qu'il ne faut pas confondre avec les agates *œillées* de la Perse et de l'Arabie. L'œil-de-chat est un feldspath dans lequel la silice est unie à un peu de chaux, d'alumine et d'oxyde de fer. Son nom lui vient de sa forme arrondie, de sa contexture à veines concentriques et de ses reflets vifs et changeants, qui rappellent les jeux de lumière et la mobilité de l'organe visuel des animaux appartenant à l'espèce féline.

Les plus beaux échantillons d'œil-de-chat se trouvent dans l'île de Ceylan. Ce minéral est translucide et présente, autour d'un centre chatoyant, des nuances alternatives de gris, de brun, de violet, de rouge et de vert. Sa cassure est presque conchoïde, et sa dureté est assez grande pour qu'il raye le verre et même le quartz. Dans l'Inde, on recherche beaucoup l'œil-de-chat, et l'on attribue même aux pierres de cette espèce des vertus merveilleuses. On les estime en raison de leur grosseur, de leur éclat plus ou moins vif et de la disposition plus ou moins régulière de leurs veines. Les plus belles sont celles qui, étant exemptes de toute irrégularité, n'ont pas besoin d'être façonnées ou rectifiées; mais celles-là sont extrêmement rares. Jean Ribeiro, dans son *Histoire de Ceylan,* cite comme une

merveille un œil-de-chat appartenant au prince d'Urca.
Ce jóyau était parfaitement sphérique, de la grosseur
d'un œuf de pigeon, et ses magnifiques couleurs cha-
toyantes changeaient au moindre mouvement qu'on
lui imprimait.

On peut rapprocher de l'œil-de-chat les *aventurines
naturelles*. Nous disons *naturelles*, parce qu'il y a
aussi une aventurine artificielle qui, contre l'ordinaire, est la véritable, l'aventurine naturelle ne devant
son nom qu'à sa ressemblance avec l'artificielle, dont,
en outre, elle n'égale point la beauté.

On raconte qu'au temps où Venise avait seule en
Europe le secret de la fabrication des glaces et des
cristaux, un ouvrier laissa d'*aventure* tomber, dans
un creuset contenant du cristal en fusion, de la limaille
d'un composé métallique. Il fut frappé du bel aspect
de ce mélange, et l'ayant reproduit ensuite méthodiquement, il parvint à former une substance qui fut
employée, avec le plus grand succès, à la fabrication
de divers objets de fantaisie, et que même les joailliers
ne dédaignèrent pas. Cette substance n'est autre chose
qu'un cristal très-limpide, ordinairement coloré en
rouge ou en rose, et parsemé, dans sa masse, d'une
multitude de paillettes cristallines, appartenant aux
systèmes cubique et tetraédrique, et dont l'éclat métallique rappelle celui de l'or. La fabrication de l'aventurine a été longtemps un secret rigoureusement
gardé par les Vénitiens, et qu'à plusieurs reprises on
a vainement tenté de découvrir dans les autres pays

de l'Europe. En France notamment les essais n'avaient amené que des résultats peu satisfaisants, jusqu'à ce que Lebaillif et, bien plus récemment, MM. Fremy et Clémandot reconnurent que l'aventurine s'obtenait en chauffant pendant douze heures un mélange de verre pilé, de protoxyde de cuivre et d'oxyde de fer des battitures. Depuis lors Venise a perdu le privilège de fournir seule ce produit à l'industrie européenne.

Revenons à l'aventurine naturelle. Il en existe deux espèces : la première est un quartz grenu, coloré en rouge ou en jaune, et dont l'intérieur est parsemé d'une infinité de points brillants dus, soit à la présence de parcelles minérales plus vitreuses que le reste de la masse, soit à des paillettes de mica, soit enfin à de petites fissures extrêmement nombreuses. Ces fissures peuvent, avec un peu d'adresse, être obtenues artificiellement, en exposant à la chaleur certains quartz, qui se fendillent en mille endroits par suite de dilatations inégales. Les quartz aventurinés par des paillettes de mica se rencontrent surtout aux environs d'Ekaterinenbourg, en Sibérie. On trouve en Transylvanie et en Hongrie une aventurine opaque, peu chargée de paillettes et difficile à polir.

La seconde espèce d'aventurine naturelle est une pierre feldspathique dont le fond est tantôt rouge, tantôt vert clair. Elle est généralement moins brillante, toujours moins dure et moins susceptible d'une belle taille que la précédente ; aussi est-elle beaucoup moins recherchée par les lapidaires. Le feldspath aventuriné se trouve surtout en Espagne, et en France aux environs de Quimper. Le plus beau vient d'Arkhangel : c'est la variété verte.

On a rangé parmi les aventurines une pierre fort rare, désignée communément sous le nom de *pierre du soleil,* et qui, taillée en *cabochon,* présente à l'œil de beaux reflets étoilés partant du centre et rayonnant dans toutes les directions. Cette pierre appartient à l'espèce minéralogique dite *quartz girasol.* Les plus belles qu'on ait vues venaient de Sicile.

Le quartz aventuriné et la pierre du soleil ne sont pas sans analogie avec la *pierre d'iris,* qui est aussi un quartz translucide, sillonné intérieurement de gerçures ou *glaces* qui donnent lieu à des réfractions inégales des rayons colorés dont se compose la lumière blanche, et imitent ainsi les teintes brillantes et variées de l'arc-en-ciel. Lorsque ces gerçures existent naturellement, la pierre est appelée *iris naturelle;* mais quelquefois on les produit artificiellement en frappant de légers coups de maillet des fragments de cristal de roche, ou en plongeant ces fragments dans l'eau bouillante. L'iris artificielle, obtenue de cette façon, diffère cependant de la vraie, en ce que les glaces partent toujours d'un des bords de la pierre, tandis qu'elles occupent le centre dans l'iris naturelle. Les pierres d'iris sont employées dans la bijouterie. L'impératrice Joséphine en possédait une parure complète, qui fut souvent prise, dit-on, pour une parure d'opales, et qu'on a coutume de citer comme la plus belle de ce genre.

- Nous avons déjà mentionné incidemment le *jaspe,* pierre siliceuse que l'on confond quelquefois à tort avec l'agate. Il se distingue essentiellement de celle-ci, ainsi que des autres quartz dont nous venons de parler et, à plus forte raison, des quartz *hyalins,* en ce qu'il est toujours rendu complétement opaque par le mélange des substances terreuses colorées. Il est d'ailleurs pesant et dur comme l'agate ; comme elle aussi il présente des teintes agréables et vives, tantôt uniformes, tantôt variées dans un même échantillon ; comme elle enfin il est susceptible d'un très-beau poli. Son grain est fin et sa cassure terne. On le rencontre en amas ou en couches de peu d'épaisseur dans les terrains secondaires, principalement dans ceux de cristallisation métamorphique.

La majeure partie des jaspes qu'on trouve dans le commerce vient de la Prusse rhénane ou de la Sicile. Le plus rare est blanc et ressemble à l'ivoire. Le jaspe sanguin proprement dit, de couleur rouge vif, est assez commun ; il y en a de vert sombre, de brun, de jaune. On en trouve, en Sibérie, une variété rubanée de vert et de violet foncé, qui est fort estimée. Une autre, qui vient des environs de Baumhalder (Prusse), est à fond jaune avec des arborisations noires.

On fait avec le jaspe une foule d'objets de fantaisie et d'ornement : vases, socles de pendule, manches de cachets, écritoires, coupes, tabatières, presse-papiers, etc. On en fait aussi parfois des dessus de meubles; mais les blocs assez volumineux pour qu'on y puisse tailler des pièces de cette dimension sont rares et d'une grande valeur. Les petits objets eux-mêmes sont d'un prix assez élevé, parce que le jaspe est une matière peu abondante, et, à raison de sa grande dureté, difficile à travailler.

XIII

Les opales.

Les minéralogistes comprennent sous la dénomination d'*opales* toutes les variétés de quartz ou de silex contenant une certaine quantité d'eau (chimiquement combinée), fragiles et douées d'un éclat résineux qui les fait appeler aussi quartz ou silex *résinites*. Ces quartz se trouvent ordinairement sous forme de stalactites ou de rognons, au sein de couches argileuses situées à 5 ou 6 mètres de profondeur, et provenant de débris de terrain trachytique remaniés par les eaux. Leur pesanteur spécifique ne dépasse guère 2,10; leur pâte est extrêmement fine, ce qui, malgré leur peu de dureté, les rend susceptibles d'un beau poli. Leur cassure est luisante; ils ne fondent pas au

chalumeau ; mais une forte chaleur les fait éclater et
s'émietter. Ils sont aussi altérables par l'état sec ou
humide de l'atmosphère et par les changements de
température ; ils sont toujours sillonnés intérieurement
de fissures ou de vacuoles qui, décomposant ou réflé-
chissant la lumière, donnent à certaines variétés l'éclat
irisé et les *feux* multicolores auxquels les belles
opales doivent toute leur valeur. Quant à leur aspect
général, il est toujours d'une transparence un peu
trouble, tantôt laiteuse, tantôt ambrée ou rougeàtre.

Je m'arrêterai seulement aux variétés d'opale admises par les joailliers et les lapidaires. Ce sont :
l'*opale commune*, l'*opale niellée* ou *opale de feu*, et
l'*opale noble* ou *orientale*.

L'opale commune, appelée aussi *opale-haricot*, à
cause de la forme sous laquelle elle se rencontre le
plus ordinairement, est sans valeur et s'emploie seulement pour la bijouterie de pacotille. Elle n'a que peu
ou point de feux, et ses couleurs, variables à l'infini,
sont presque toujours ternes et pâles. La plupart des
opales communes viennent de la Hongrie et du Mexique.
A cette variété se rattache la *ménilite*, qu'on trouve
en plaques ou en masses tuberculeuses aplaties dans
l'argile schisteuse de Ménilmontant.

L'opale de feu est d'une transparence presque limpide, et présente des reflets rouge de feu sur un fond
orangé, lorsqu'elle est nouvellement séparée de sa
gangue ; mais, sous l'influence des rayons solaires,
ses reflets deviennent irisés, et son fond passe à la

couleur de chair ou au jaune rosé. Elle vient des mêmes contrées que l'opale commune.

L'opale noble, ou orientale, ou *irisée,* est la véritable opale des lapidaires, la seule à laquelle les connaisseurs accordent une valeur réelle, quelquefois très-élevée. Les peuples anciens, orientaux et occidentaux, en faisaient le plus grand cas, et la tiraient de gisements aujourd'hui oubliés ou perdus, situés en Arabie, en Égypte et dans l'Inde. Actuellement, elle nous est fournie, comme les autres variétés de l'espèce, par le Mexique et par la Hongrie. Il en vient aussi de la Saxe, de l'Irlande, de l'Écosse et de l'Islande. Elle n'a point de couleur qui lui soit propre, hormis son fond laiteux, blond ou brunâtre; mais elle est remarquable par l'éclat et la vivacité de ses reflets, qui reproduisent les nuances les plus pures de l'arc-en-ciel ou du spectre solaire. Lorsqu'elle vient d'être dégagée de son enveloppe ou gangue d'argile humide, l'opale orientale est toujours tendre et sans éclat. Mais, après qu'elle a été exposée quelque temps à l'air et à la lumière, elle subit un changement qui s'opère presque à vue d'œil : elle durcit, se contracte, diminue de volume, et revêt sa parure aux mille reflets chatoyants : parure délicate, qui redoute les intempéries de l'atmosphère. Les bains la laissent intacte : on la taille, on la lave à grande eau dans les ateliers sans inconvénient. Mais l'humidité prolongée la ramène à son état primitif. Le grand froid l'altère d'autre façon, en déterminant à sa surface des gerçures dont l'effet est loin d'être aussi heureux que celui de ses fissures ordinaires. Ces gerçures peuvent aller, en se multipliant, jusqu'à éteindre tous les feux de l'opale, à convertir cette gemme précieuse en un vulgaire caillou. Point de remède à ce désastre : j'entends de remède sérieux, rationnel, reconnu efficace. On a bien conseillé d'exposer de nouveau la pierre aux rayons ardents du soleil, ou d'y appliquer une couche d'huile, — ou même (*horresco referens!*) de la frotter d'ail, comme les cuisinières frottent le fond de leurs marmites et de leurs poêlons fêlés par le feu; mais ce sont là tout au plus des palliatifs — et encore!... En résumé, le seul moyen de restituer aux opales gercées leur éclat, c'est de les passer de nouveau sur la pierre, d'enlever la couche extérieure; procédé héroïque, qui a pour effet de diminuer le volume de l'opale, partant sa valeur, et qui peut même devenir pire que le mal; car, si l'on vient à réduire l'épaisseur de la pierre jusqu'au point où la lumière peut la traverser de part en part, adieu les reflets : vous n'avez plus qu'un petit morceau de verre trouble. En effet, l'opale, pour donner son maximum de *feux,* doit avoir un certain degré d'opacité; mais ici encore l'excès est un défaut; et comme l'opacité augmente et diminue avec l'épaisseur, il importe de ne lui en laisser ni trop ni trop peu.

Les opales nobles se divisent en plusieurs variétés, suivant la nature et la disposition de leurs couleurs.

Elles sont dites *lamées*, lorsque ces couleurs sont disposées en lames parallèles, comme dans l'arc-en-ciel; *arlequines*, lorsqu'elles offrent des losanges ou des triangles bigarrés analogues à ceux d'un habit d'arlequin; *à paillettes*, lorsqu'elles semblent lancer une multitude de petites étincelles. Toutes ces différences sont dues aux dimensions, au nombre, à la forme, à la direction des fissures intérieures. Enfin on appelle opales *sanguines*, abstraction faite de la disposition de leurs nuances, celles dont le fond est rougeâtre un peu sombre. Celles-ci sont très-rares et d'un grand prix. Ce fut, dit-on, une opale de cette dernière sorte qui causa l'exil du sénateur romain Nanius, celui-ci ayant refusé de s'en dessaisir en faveur du triumvir Marc-Antoine. Heureux encore d'en être quitte pour l'exil ! On recherche aussi les opales où les feux rouges et verts sont mêlés ; mais on préfère le rouge au vert seul. Affaire sans doute de goût et de mode, dont il ne faut disputer. J'ai dit « affaire de goût » sans jeu de mot, bien que, pour apprécier la valeur d'une opale, les joailliers ne se contentent pas de l'examiner, ils la *goûtent* littéralement : ils l'appliquent sur la langue, et la rejettent s'ils lui trouvent une saveur désagréable. Cela est logique : une opale sapide est une opale soluble (*corpora non agunt nisi soluta*); on peut donc être sûr qu'elle sera altérée par l'humidité.

Les opales ne sont généralement pas très-volumineuses; mais on a remarqué que les plus grosses sont aussi très-souvent les plus remarquables par la vivacité et la variété de leurs nuances. On cite parmi les plus belles opales celle qu'on vit à Paris il y a une soixantaine d'années, et qu'on avait nommée l'*incendie de Troie*, parce qu'elle flamboyait de feux rouges comme ceux d'un incendie. Elle fut, dit-on, achetée à cette époque par l'impératrice Joséphine ; mais on ignore en quelles mains elle a passé après la mort de cette princesse. On cite encore les deux opales qui font partie du trésor de la couronne de France, et qui ont été achetées 75,000 francs. L'une orne le collier de la Toison d'or ; l'autre sert d'agrafe au manteau royal. L'empereur d'Autriche possède aussi une opale très-volumineuse et d'une grande valeur, bien qu'elle soit malheureusement fendue en plusieurs endroits. On voit au musée d'Orléans une opale gravée, représentant un personnage qu'on croit être le roi de Mauritanie Juba, deuxième du nom, lequel, après avoir été prisonnier de Jules César, sut se concilier la protection d'Octave, qui lui rendit ses États. Quand, comment et pourquoi l'artiste inconnu qui a gravé cette pierre a-t-il choisi pour modèle le visage de ce monarque africain? c'est ce que je ne saurais dire.

On peut voir au cabinet de minéralogie du Muséum de Paris une autre opale, sur laquelle est sculpté le buste de Louis XIII enfant. Mais l'opale, à raison de sa fragilité, ainsi que de ses reflets changeants, n'est nullement propre à être gravée : les figures y sont très-difficiles à exécuter, et prennent une physionomie étrange, qui n'a rien d'agréable. Les facettes mêmes ne font nullement valoir l'éclat de la pierre, et la forme qui lui convient le mieux est la forme arrondie. On la taille donc en *cabochon* ou *en goutte de suif,* ou encore en *pendeloque plate* ou *briolette.* Le travail est facile, à cause du peu de dureté de la pierre ; il exige néanmoins du soin et une sorte de talent. Le mérite principal, d'après M. Halphen, est de *savoir prendre* l'opale, c'est-à-dire de tirer parti des feux qu'elle renferme, de les découvrir ou de les ménager selon l'effet qu'on a en vue de produire. Il est quelquefois bon de *chever* légèrement la pierre, c'est-à-dire de l'évider un peu en dessous, pour diminuer son épaisseur sans lui ôter de son volume apparent.

L'opale se taille d'abord sur une roue ou plate-forme horizontale en plomb, avec de l'*adoucis* (émeri ayant déjà servi, et qu'on a lavé à grande eau). On continue l'opération sur une roue en bois enduite d'une couche de pierre ponce finement porphyrisée, puis sur une troisième roue garnie d'un feutre humide. Enfin on donne le poli à l'aide d'un morceau de drap et d'un peu de tripoli de Venise.

XIV

Les quartz hyalins. — Cristal de roche. — Améthyste commune, etc.

Si les savants n'étaient possédés de la manie de parler à tout propos le grec, — qu'ils n'entendent pas toujours, — ils auraient appelé tout simplement, en français, *quartz vitreux* ce qu'ils ont nommé *quartz hyalin;* car le mot vitreux traduit exactement ὕαλινος, qui est l'adjectif correspondant à ὕαλη, verre. Le quartz hyalin n'est, en effet, autre chose que de la silice cristallisée et transparente, tantôt parfaitement pure et incolore, tantôt colorée par des traces d'oxydes métalliques. Le quartz hyalin incolore est plus connu sous le nom de *cristal de roche.*

On sait que, dans le langage scientifique, le mot *cristal*, ou plus souvent son pluriel *cristaux*, s'applique généralement aux polyèdres opaques ou translucides que forment spontanément, par suite d'une solidification lente succédant à l'état de fusion ou de dissolution, la plupart des corps simples ou composés. Mais on appelle plus particulièrement *cristal* ou *cristal de roche* le quartz pur cristallisé. Ce corps présente réellement toutes les conditions qui semblent devoir être réunies dans le cristal type ou par excellence, à savoir : la netteté et la rectitude des faces et des arêtes, la blancheur et la limpidité parfaites de la masse. De là l'expression proverbiale : « Pur ou limpide comme du cristal de roche. »

Cette espèce de quartz hyalin est d'une extrême dureté. Il étincelle sous le briquet et raye le verre et l'agate. Sa pesanteur spécifique est de 2,65. Sa cassure est vitreuse, et, lorsqu'il est en masses informes, il ressemble parfaitement à du verre ; mais il est presque toujours cristallisé, ou du moins composé de parties ou de grains à structure cristalline. La forme fondamentale de ses cristaux est celle d'un prisme à six pans, terminé à chacune de ses extrémités par une pyramide hexagone ; mais on n'a jamais trouvé un échantillon où cette forme fût complète. Tantôt le cristal n'est qu'une pyramide fixée directement sur la roche ; tantôt cette pyramide unique surmonte un prisme ou un tronçon de prisme ; tantôt le prisme manque, et les deux pyramides sont appliquées base à base l'une contre l'autre. Dans tous les cas, le cristal offre à peine quelques traces de clivage. Cette substance jouait autrefois un grand rôle dans les arts de luxe. C'était une matière très-précieuse, à cause de sa limpidité qu'on n'avait pas encore réussi à imiter. On en faisait des coupes, des aiguières et différents autres objets sculptés et taillés avec une patience et un art infinis. Il va sans dire que le prix de ces objets était exorbitant. On cite comme la plus belle pièce qui ait jamais été exécutée en cristal de roche une urne de neuf pouces de diamètre sur neuf pouces de haut, dont le piédouche avait été pris dans le même bloc de cristal, et dont la partie supérieure était ornée de godrons et de deux mascarons admirablement sculptés. Les gravures dont le pourtour était enrichi, et qui représentaient l'*ivresse de Noé*, étaient également considérées comme un chef-d'œuvre. Cette urne était évaluée cent mille francs.

De nos jours un pareil objet d'art ne trouverait d'acquéreur que parmi les amateurs fanatiques de curiosités ruineuses, et la profession, autrefois florissante, de tailleur de cristal a presque disparu. C'est que l'industrie nous livre, à des prix abordables pour les plus modestes fortunes, des coupes et des vases de toutes formes et de toutes grandeurs, dont la confection n'exige qu'un travail relativement court et simple, et dont la matière égale et surpasse même en beauté le quartz le plus pur; c'est qu'en un mot le cristal artificiel a détrôné sans retour le cristal de roche, et qu'en ce point l'art humain a surpassé la nature. Il ne faudrait pas croire pourtant que le cristal de roche soit désormais sans application : on en fait encore divers objets de fantaisie qui, à raison même de la difficulté du travail, ont une valeur de convention assez élevée. Il est en outre très-recherché des opticiens pour la fabrication de certains instruments; car il possède, outre sa limpidité, des propriétés toutes spéciales par rapport à la lumière : d'abord la double réfraction à un seul acte positif, puis une autre sorte de polarisation et de double réfraction parallèlement à l'axe, qu'on appelle polarisation rotatoire ou circulaire [1].

Le cristal de roche se trouve dans les Alpes, en Sibérie, à Madagascar et au Brésil. C'est ce dernier pays qui fournit la presque totalité de celui qu'on emploie aujourd'hui dans l'industrie scientifique des instruments de précision ; mais les plus beaux échantillons que l'on ait vus venaient du Saint-Gothard. De ce nombre est l'énorme et magnifique cristal rapporté par Bonaparte, au retour de sa seconde expédition d'Italie, et qu'on peut admirer au cabinet minéralogique du Muséum d'histoire naturelle de Paris. On a remarqué qu'en général le volume et la pureté des cristaux sont en raison de l'altitude du lieu d'où ils sont tirés. Dans les filons de quartz blanc, on rencontre presque toujours des roches dont les cavités sont tapissées de cristaux de quartz ordinairement incolores. Les quartz hyalins incolores qu'on trouve dans les plaines, — ce qui est rare, — y ont été transportés évidemment par des torrents ou par des cataclysmes, comme le prouve leur forme arrondie, résultat des longs frottements qu'ils ont subis. Telle est aussi l'histoire de ces pierres diaphanes qu'on connaît sous le nom de *cailloux du Rhin*, et qui jouissent de quelque considération.

[1] Il m'est impossible d'entrer ici dans l'explication de ces termes et des propriétés qu'ils désignent, et je suis obligé de renvoyer mes lecteurs aux traités de physique : par exemple, au beau livre de M. Amédée Guillemin, *les Phénomènes de la physique*, 1 vol. grand in-8°, Paris, 1863.

Lorsque le quartz hyalin est coloré, il prend, selon sa nuance, différents noms, et s'élève à la dignité de gemme ou pierre précieuse. Violet, c'est l'*améthyste commune*, dont le nom rappelle les vertus spécifiques que les anciens lui attribuaient comme préservatif contre l'ivresse. Cette pierre est abondante au Brésil et dans d'autres contrées de l'Amérique méridionale, ainsi qu'on a pu s'en convaincre en visitant l'exposition universelle de 1867, où les États de cette partie du monde avaient envoyé de nombreux échantillons de géodes quartzeuses tapissées de cristaux violets. Malheureusement la teinte de ces cristaux est, en général, assez pâle, et presque toujours inégale. C'est ce qui fait l'infériorité de l'améthyste commune, par rapport à l'*améthyste orientale*, dont il sera question dans un autre chapitre. Le quartz hyalin jaune est la *fausse topaze;* le rose est le *rubis de Bohême*. On appelle *cristal enfumé* celui dont la teinte est fuligineuse. Toutes ces variétés sont employées pour la confection des parures : agrafes, colliers, pendants d'oreilles, etc. On connaît aussi des variétés de quartz hyalin dites *hématoïde, rubigineuse, chloriteuse*, etc.

XV

Le lapis-lazuli. — Les péridots. — Chrysolithe et olivine.
— La tourmaline. — Les grenats. — L'idocrase. — Les zircons. —
Hyacinthes et jargons.

La silice, combinée avec des bases telles que l'alumine, la magnésie, la zircone, l'oxyde de fer, etc.,
donne naissance à un certain nombre de substances
minérales .dignes d'intérêt : les unes classées parmi
les gemmes inférieures, les autres douées de propriétés
qui les rendent susceptibles de divers emplois dans
l'industrie et dans les arts. Les premières étant celles
qui se rapprochent le plus des quartz hyalins, nous
leur accorderons la priorité.

Le *lapis-lazuli*, appelé aussi *lazulite* et, plus vulgairement, *pierre d'azur,* est une sorte de verre, ou
plutôt d'émail naturel : un silicate d'alumine et de
soude mêlé d'un peu de soufre et d'oxyde de fer. Cette
substance est remarquable par sa belle couleur bleue,
que n'altèrent ni le temps, ni l'air, ni la lumière. On
ne la trouve qu'en Sibérie, auprès du lac Baïkal, au
Thibet, dans la petite Boukharie et dans quelques
parties de l'empire chinois. Elle se présente, à l'état
natif, sous forme de très-petits grains arrondis, d'un
beau bleu foncé, disséminés dans une gangue de sulfate et de carbonate de chaux, où ils sont accompagnés

de cristaux de sulfate de fer. Le lapis-lazuli a une pesanteur spécifique de 2,76 à 2,94; il raye le verre et même fait feu sous le briquet. Il est susceptible d'un très-beau poli, et l'on peut le tailler et le sculpter en tablettes, coupes, vases et autres objets d'ornement, qui sont d'un grand prix. C'est cette pierre qui fournit aux arts la belle couleur bleue appelée *outremer naturel*. Cette couleur était payée autrefois au poids de l'or et jugée inimitable; mais on fabrique aujourd'hui et on livre au commerce à des prix très-abordables un bleu d'outremer artificiel qui ne le cède en rien à l'outremer naturel.

Les minéralogistes allemands ont donné le nom de lazulite à un autre minéral, qu'il ne faut pas confondre avec le véritable lapis-lazuli, auquel il ressemble pourtant par sa belle couleur bleue presque opaque et d'un éclat vitreux, mais dont il diffère par sa pesanteur spécifique (= 3,656), par sa composition chimique et par sa forme cristalline. C'est un phosphate d'alumine magnésifère, que les minéralogistes français ont appelé *klaprothine*, et qu'on trouve, soit en cristaux, soit en petites masses amorphes, dans les schistes alumineux et dans les micaschistes quartzeux de quelques contrées de l'Allemagne. On en fait, comme du lapis-lazuli, de menus objets d'ornement et de fantaisie.

Le *péridot* est un silicate de magnésie coloré par une petite quantité d'oxyde de fer. Il cristallise en prismes droits rhomboïdaux terminés par un coin ou par une pyramide. Sa densité est d'environ 3,5. Les minéralogistes distinguent deux variétés de péridots, également admises dans la joaillerie, où elles sont même considérées comme deux pierres distinctes, non-seulement l'une de l'autre, mais du péridot lui-même. En réalité l'espèce est une, et les différences sur lesquelles on pourrait établir la séparation de la *chrysolithe*, de l'*olivine* et du péridot proprement dit sont de peu de valeur.

D'après Verner, la *chrysolithe* comprend toutes les variétés de péridot cristallisées, à cassure vitreuse et de couleur verte; elle est disséminée dans les roches basaltiques. Sa teinte est rarement d'un vert bien pur; elle est presque toujours mélangée de jaune, et c'est peut-être ce qui lui a valu son nom, fort impropre du reste, de chrysolithe, qui signifie *pierre d'or*. Cette pierre a peu de dureté, et se laisse rayer par le quartz et même par la lime. Elle possède à un très-haut degré la double réfraction, et sa transparence est quelquefois très-limpide. Néanmoins les lapidaires la relèguent au dernier rang des gemmes et lui accordent à peine le titre de pierre précieuse. Les chrysolithes viennent principalement de Ceylan, de l'Inde, de l'Indo-Chine, du Brésil, de la Saxe et de la Bohême. Grâce à leur peu de dureté, elles se taillent aisément à l'émeri sur une roue de plomb; mais cette pierre se polit difficilement, et il faut se servir pour cela d'une roue de cuivre. La forme ovale, à facettes, est celle qu'on lui donne de préférence; on la taille aussi quelquefois en *cabochon*.

L'*olivine* est le péridot granuliforme d'Haüy. On la rencontre en rognons ou en petites masses grenues disséminées dans le basalte. Sa couleur ordinaire, ainsi que son nom nous l'indique, est le vert olive; mais, comme la chrysolithe, elle vire assez souvent au jaune; elle est moins dure et moins transparente que celle-ci. Sa pesanteur spécifique est de 3,20 à 3,24. Elle vient de l'Écosse, de l'Irlande, de la Bohême, du mont Vésuve. On la trouve aussi, en France, dans les terrains volcaniques de l'Auvergne.

Le *péridot* proprement dit des joailliers est, ainsi que les deux variétés précédentes, essentiellement composé de silice et de magnésie; il contient en outre de 10 à 18 p. % d'oxyde de fer, qui le colore en vert-poireau ou en vert-olive. Il a un éclat gras qui nuit toujours à son poli. Son pouvoir bi-réfringent, par rapport à la lumière, est considérable : « Qui a deux péridots en a un de trop, » dit un proverbe de la joaillerie; ce qui ne prouve pas que les lapidaires fassent beaucoup plus de cas du péridot vrai que de la chrysolithe et de l'olivine. Néanmoins on trouve parfois de beaux échantillons de ce minéral. Ils viennent de Ceylan et de la Perse; on les appelle péridots d'Orient. On trouve les péridots dans les mêmes roches et dans les mêmes gisements que les variétés précédentes. Ceux qu'on appelle orientaux se taillent le plus souvent à huit pans et à degrés, comme l'émeraude, avec table en goutte de suif. Les moins beaux sont façonnés en cabochons ou en pendeloques à pans coupés.

La taille s'opère sur une plate-forme en plomb sau-
poudrée d'émeri très-fin. On donne le poli sur une
roue d'étain recouverte de tripoli détrempé avec de
l'acide sulfurique étendu d'eau.

Le péridot se prête assez bien à la gravure; on
connaît plusieurs beaux échantillons de ce travail :
entre autres celui que possède le musée d'Orléans, et
celui de l'abbé Pullini. Le premier reproduit l'austère
figure du vieux Caton, vu de face; le second représente la tête de Méduse.

La *tourmaline*, appelée aussi *scharl électrique*,
aphristie, *aimant de Ceylan*, est composée de silice,
d'alumine et de silex, avec des proportions variables
de potasse, de magnésie, de borax et d'oxyde de fer.
Elle paraît avoir été connue dès la plus haute antiquité, et les anciens en faisaient grand cas. On ne lui
accorde plus aujourd'hui qu'une médiocre valeur. On
trouve des tourmalines rouges (*burellites*), bleues
(*indicolites*), vertes (*émeraudes du Brésil*), etc. Toutes
ces variétés sont du domaine de la bijouterie commune. On les taille à l'émeri sur une roue de plomb,
et on les polit sur une roue de cuivre chargée de
tripoli mouillé. La tourmaline s'électrise par le frottement, comme le succin ou ambre jaune. Son pouvoir
bi-réfringent est assez prononcé. Sa transparence est
rarement pure. Cette pierre vient du Brésil, de l'Inde
et de Ceylan.

On comprend sous la dénomination générique de
grenats plusieurs espèces minérales ayant pour élé-

ments essentiels le silice, l'alumine et l'oxyde de fer, mais contenant aussi parfois de la chaux, du manganèse, etc. Les grenats cristallisent dans le système cubique à modifications hexaédriques. Mais leurs formes habituelles se réduisent au trapézoèdre et au rhomboèdre à douze faces. Leur pesanteur spécifique varie de 3,55 à 4,25, suivant qu'ils contiennent plus ou moins de fer. Ils sont fragiles et durs, et rayent assez fortement le quartz. Leur cassure est généralement vitreuse et conchoïde. Ils fondent tous, au chalumeau, en un globule plus ou moins vitreux et coloré.

Les grenats sont assez abondants. Ils constituent quelquefois seuls, à l'état granulaire ou compacte, des couches dans les terrains de cristallisation. Pour l'ordinaire, ils sont seulement disséminés dans ces terrains, mais en très-grand nombre. On les rencontre aussi dans les filons et dans les amas métallifères que renferment les gneiss, les schistes talqueux, etc. Rarement enfin ils se trouvent dans les roches basaltiques et trachytiques, et jusque dans les tufs volcaniques modernes.

Les grenats offrent le plus souvent une coloration rouge, dont la nuance peut, du reste, varier depuis le rouge-brun sombre jusqu'au rouge-orangé, en passant par le rouge vif et pur, qui est leur couleur typique et qui est connu sous le nom de *rouge-grenat*, ou simplement *grenat*. Mais il en existe aussi de jaunes, de verdâtres et d'incolores, leur transparence étant en raison inverse de l'intensité de leur coloration. Les grenats de couleur claire sont très-limpides, tandis que ceux de couleur foncée sont souvent presque opaques.

On tire les grenats de plusieurs contrées de l'Europe et de l'Asie : principalement du Tyrol, de la Hongrie et de la Bohême, de la Corse, de l'Arménie, de la Syrie, de l'Inde et de Ceylan. Cette pierre, bien qu'elle réunisse à peu près tous les caractères des gemmes les plus recherchées, la dureté, l'éclat, la richesse des teintes, n'est cependant placée par les lapidaires qu'au troisième rang des pierres précieuses. Il lui manque une qualité essentielle : la rareté. On fait néanmoins, avec les beaux échantillons, des bijoux d'une certaine valeur.

Les minéralogistes comptent six espèces de grenat. Mais cette division, basée sur la composition du minéral, n'est point connue dans le commerce, et n'indique rien relativement à la qualité et à la beauté des pierres. Toutefois les grenats rouges du commerce, qui sont les plus recherchés et qu'on désigne sous les noms de *grenats syriens*, *grenats d'Orient, grenats nobles*, etc., se rapportent aux deux espèces que les minéralogistes placent en tête de leur série, savoir : le grenat *grossulaire* ou *alumino-calcaire*, et le grenat *almandin* ou *alumino-ferreux*. La première espèce comprend aussi les grenats blancs ou incolores, verdâtres et brun-verdâtre, qui sont fort rares, et ne se trouvent qu'exceptionnellement dans le commerce.

Les grenats ne sont pas classés par les joailliers d'une manière bien nette. Les plus connus et les plus estimés sont ceux de l'Inde, de la Hongrie, de la Bohême et du Tyrol. Quelques-unes de ces pierres présentent, lorsqu'on les place devant un foyer lumineux et qu'on les regarde au milieu, le phénomène optique qu'on remarque aussi dans d'autres gemmes, et qui leur a fait donner le nom d'*astéries*. Ce phénomène est dû à des fissures linéaires intérieures qui, partant du centre du cristal et rayonnant vers les angles, figurent une brillante étoile.

La taille des grenats s'exécute ordinairement sur une roue horizontale en plomb, en grès, en fer ou en bois très-dur. On leur donne le poli sur une roue en cuivre rouge.

Le genre minéral appelé *idocrase* par les naturalistes est presque identique aux grenats quant à sa composition chimique. Les idocrases sont donc des silicates alumineux, cristallisant dans le système quadratique. Elles contiennent toujours des traces de chaux, de magnésie, d'oxyde de fer et de manganèse. Ces derniers oxydes leur communiquent des teintes brunes ou violettes assez vives. Il en est aussi qui sont colorées en bleu par un sel de cuivre. Les formes qu'elles affectent le plus volontiers sont celles de prismes à quatre, huit, douze et seize pans, surmontés de pyramides tronquées. Elles sont tantôt lithoïdes et opaques, tantôt diaphanes et limpides ; leur cassure est vitreuse, leur dureté assez grande pour qu'elles rayent le quartz, leur pesanteur spécifique égale à 3,2. On distingue dans cette espèce.les variétés suivantes :

Idocrase du Vésuve ou *vésuvienne* : c'est la plus répandue dans le commerce; elle se vend à Naples sous le nom de *gemme du Vésuve;* — *idocrase de Sibérie;* — *idocrase de Bohême* ou *égéran;* — *idocrase violette* ou *manganésienne,* de l'Alpe de la Mussa ; — *idocrase vert - jaunâtre,* du Bannat et du Piémont; — *idocrase magnésienne* ou *frugardite,* de Frugarden, en Finlande; — *idocrase cyprine,* de Tallemarken, en Norwége, etc. Ces gemmes ne sont pas de celles dont la joaillerie fait le plus de cas. Cependant elles entrent dans la confection de bagues et d'autres bijoux d'un effet assez agréable.

Nous allons trouver maintenant la silice combinée, non plus avec l'alumine, la magnésie ou la chaux, mais avec un oxyde incomparablement moins répandu dans la nature : l'oxyde de zircouium. Le zirconium est un de ces métaux que les chimistes seuls connaissent, et dont ils n'obtiennent qu'à grand'-peine et à grands frais d'imperceptibles échantillons. Son oxyde s'appelle la *zircone,* et le silicate de zircone naturel, dont nous avons à parler, a reçu des minéralogistes le nom de *zircon.* C'est une substance rare et douée de qualités qui lui ont fait prendre rang parmi les pierres précieuses. Il cristallise en octaèdres ou en prismes à base carrée, plus ou moins modifiés. Il possède un éclat ordinairement gras, quelquefois approchant de celui du diamant. C'est la plus dense de toutes les gemmes, puisque sa pesanteur spécifique est de 4,7. Sa dureté est extrême : il raye le cristal de roche. Il présente d'une manière très-marquée le phé-nomène de la double réfraction ; il est infusible au chalumeau et insoluble dans les acides. La chaleur n'a pour effet que de modifier sa nuance lorsque, comme c'est l'ordinaire, il est coloré par des traces d'oxyde de fer. Dans ce cas, il passe du jaune, du rouge ou du brun au gris-perle ou au blanchâtre. Il existe deux variétés distinctes de zircon : le *zircon-hyacinthe* et le *zircon-jargon*.

Les zircons-hyacinthes se rencontrent dans les ba-saltes et les tufs basaltiques, dans les scories et les sables des terrains volcaniques anciens. Les premiers sont venus de l'île de Ceylan. On en a découvert depuis au Brésil, en Norwége, dans les sables volca-niques de Bilin, en Bohême ; dans ceux de Beaulieu, près d'Aix en Provence, et enfin, dans le sable égale-ment volcanique du ruisseau appelé le *Rioù-Pézéliou*, près d'Épailly en Vélay. Les anciens connaissaient cette pierre, et lui avaient donné le nom de la fleur dont elle rappelle les nuances, et qui, selon la Fable, était née du sang de l'infortuné Hyacinthe, victime d'une maladresse d'Apollon, ou plutôt de la méchante jalousie de Zéphyre, qui fit dévier le palet lancé par la main du dieu. On sait que le type primitif de cette fleur (la jacinthe) est d'un jaune orangé marqué de taches rouges. Les lapidaires modernes ont étendu la

6

dénomination d'hyacinthe à plusieurs pierres d'espèces différentes et n'ayant d'autre caractère commun
que leur nuance jaune ou brune, tirant plus ou moins
sur le grenat. Mais le zircon-hyacinthe peut être con-
sidéré comme l'hyacinthe proprement dite. Sa teinte
ordinaire est un jaune orangé tirant sur le brun,
et rappelant la couleur de la cannelle; ce qui a fait
donner à l'hyacinthe, par les lapidaires allemands, le
nom de *Kannelstein*, et par les Anglais celui de *Cin-
namomstone* (pierre-cannelle). Pline classait les hyacinthes en mâles et femelles, selon que leur nuance
était plus ou moins foncée. Aujourd'hui on les distingue, dans la joaillerie, en *hyacinthe orientale* ou
hyacinthe-la-belle : c'est la variété dont on fait le plus
de cas, à raison de sa belle couleur orange; — *hyacinthe ambrée*, dont la nuance est plus pâle; — *hyacinthe safranée*, qui est d'un jaune rougeâtre; — et
hyacinthe miellée, dont la teinte faible et un peu
terne rappelle celle du miel.

L'hyacinthe est une gemme du troisième ordre,
peu estimée, à moins qu'elle n'ait des dimensions, un
éclat et une richesse de ton exceptionnels. Elle est
sèche à la taille, mais se prête bien à la gravure, et
il en existe des échantillons remarquablement travaillés, soit en creux, soit en relief. On la taille à
l'émeri, sur une roue horizontale en plomb, et on la
polit en la frottant sur une roue en cuivre rouge, avec
du tripoli finement pulvérisé et délayé dans de l'eau.
Les formes qu'on lui donne le plus habituellement

sont celles de table carrée, d'ovale à huit pans et de pendeloque.

Nous avons dit que quelques pierres n'appartenant point à l'espèce zircon étaient aussi désignées sous la dénomination générique d'hyacinthes. Ainsi on appelle :

Hyacinthe brune des volcans, l'idocrase du Vésuve, dont nous avons parlé ci-dessus ;

Hyacinthe brune de la Somme, la *méionite*, minéral doué d'un éclat vitreux et d'une assez belle transparence, qu'on trouve en cristaux ou en grains cristallins dans les blocs de dolomie de la Somma, au Vésuve ;

Hyacinthe cruciforme, l'*harmotome*, espèce du genre des silicates alumineux hydratés, substance blanchâtre et translucide, dont les cristaux octaédriques sont divisibles suivant des plans qui passent par leurs arêtes obliques et par leur axe : d'où son nom minéralogique, dérivé des deux mots ἁρμός, jointure ou arête, et τομή, section, coupe ;

Hyacinthe de Compostelle, le quartz hématoïde, variété de quartz hyalin colorée en rouge-orangé par l'oxyde de fer, et qui emprunte son nom au lieu où on la trouve ;

Enfin, *hyacinthe orientale*, une variété orangée de corindon, et *hyacinthe occidentale*, la topaze miellée, dont il sera fait mention plus loin.

La seconde variété de zircon, le *jargon*, est beaucoup moins estimée que l'hyacinthe. Elle est tantôt incolore, tantôt jaune-verdâtre, tantôt franchement verte ou bleue. On faisait autrefois une assez grande consommation de jargons incolores, principalement à Genève, où ces pierres, taillées en *roses,* servaient à orner les montres, et passaient, aux yeux des personnes peu expérimentées, pour des diamants, bien qu'elles n'en aient pas à beaucoup près l'éclat et le poli. On rencontre cependant parfois des jargons très-limpides ; il y en aussi de tout à fait opaques. Les cristaux sont, en général, d'un petit volume, bien que souvent plus gros que ceux du zircon-hyacinthe. On les rencontre disséminés dans les roches de cristallisation ; ils sont alors entiers, et à arêtes vives. Mais on les trouve aussi roulés dans le sable des rivières, et mêlés avec des grenats, des corindons, etc. C'est sous cette dernière forme qu'on tirait autrefois le jargon du ruisseau d'Épailly (Haute-Loire) ; ce qui lui avait fait donner le nom de *diamant français.* Les beaux échantillons de ce minéral viennent presque tous aujourd'hui de l'Inde et de l'île de Ceylan.

XVI

Le tripoli. — Le mica. — Le talc et la stéatite. — L'amiante.
La magnésite ou écume de mer.

On tirait autrefois de Tripoli de Barbarie une substance minérale qui a conservé le nom de cette ville,
et qui rend de grands services dans l'industrie et dans
l'économie domestique. Nous avons déjà vu que les
lapidaires s'en servent pour tailler certaines pierres
précieuses. On en fait usage aussi pour polir les métaux, et c'est avec le *tripoli* que les ménagères et les
domestiques entretiennent les cuivres et la batterie
de cuisine. Le tripoli se trouve dans la nature, tantôt
sous la forme d'une espèce de sable à peine agrégé;
tantôt en lames schistoïdes plus ou moins épaisses;
tantôt en masses amorphes. Il est coloré en jaunâtre
ou en rouge brique par de l'oxyde de fer. Sa texture
est toujours fine et poreuse; souvent même il est friable
et pulvérulent; mais sa poussière est assez dure pour
rayer le verre, et ne fait point pâte avec l'eau. Le
tripoli schisteux renferme quelquefois une notable
proportion de bitume, dont on le débarrasse par la
calcination. Tel est, par exemple, le tripoli d'Auvergne, qui, après avoir subi cette opération, est
livré au commerce à l'état de morceaux rougeâtres.
Le tripoli le plus estimé est celui qui vient de Corfou

par la voie de Venise : c'est le seul qu'emploient les orfévres et les lapidaires.

Les tripolis ont, en général, une origine animale, et fournissent, comme le calcaire, une preuve manifeste de la prodigieuse fécondité des infusoires à coquilles ou à carapaces, qui peuplaient les mers primitives. De même que les pierres à bâtir sont constituées par les débris d'une multitude incalculable d'animalcules à coquilles ou à test calcaire ; de même le tripoli n'est qu'un amas de carapaces siliceuses provenant de plusieurs espèces d'infusoires de la famille des Diatomacées ou des Bacillariées. « Ces squelettes, dit M. F.-A. Pouchet, ont même si parfaitement conservé la forme des animalcules dont ils proviennent, qu'on a pu les comparer à nos espèces vivantes, et reconnaître qu'ils ont avec elles la plus grande analogie. On peut très-facilement vérifier ce que nous annonçons. Il ne s'agit que de gratter avec un couteau la surface d'un morceau de ces tripolis, d'en laisser tomber la poussière sur une lame de verre, et de l'examiner au microscope, après l'avoir mêlée à un peu d'eau. On est tout étonné alors de n'avoir sous les yeux que des carapaces d'animalcules.

« On a principalement reconnu ce que nous venons de dire dans le tripoli de Bilin, en Bohême, et dans ceux de l'île de France. Le savant Schleiden a calculé que dans un pouce cube du premier on trouvait, en nombre rond, 41,000 millions d'animalcules. Et

comme les schistes de Bilin s'étendent sur une surface qui n'a pas moins de dix lieues carrées, et sur
une épaisseur de deux à quinze pieds, quelle a dû
être en cet endroit l'activité vitale, pour produire tant
et tant d'invisibles squelettes[1] ! »

Le tripoli, sauf dans le cas où il est mélangé avec
du bitume, ne renferme que de la silice ferrugineuse; il appartient d'ailleurs aux terrains de dépôt,
et par conséquent son origine est relativement récente. C'est, au contraire, aux roches les plus anciennes qu'il faut rapporter deux autres substances
non moins intéressantes, dont la silice est un des
éléments principaux, mais où elle est combinée avec
diverses bases terreuses. Je veux parler du *mica* et
du *talc*.

Le nom du mica pourrait être dérivé du verbe latin
micare, briller. C'est, en effet, une pierre brillante,
non pas toutefois à la façon des pierres précieuses,
comme les quartz hyalins, les grenats ou les zircons.
Son éclat est tantôt vitreux, tantôt métallique ; il est
variable ainsi que sa couleur. Les micas ont une pesanteur spécifique peu considérable : à peu près celle
du verre (2,65 à 2,95). Ils sont doux au toucher, mais
non pas onctueux comme le talc. Leur texture est
feuilletée; ils se divisent avec une extrême facilité,
soit en lames minces, qui peuvent avoir une assez
grande surface, soit en paillettes très-ténues. Ils sont

---

[1] *L'Univers*, livre I, chap. II.

tantôt incolores, tantôt colorés en jaune, en gris, en vert, en brun, en violet, en rouge, en noir. Il en est une variété qui a l'aspect de l'argent, et qu'on nomme, je ne sais pourquoi, *argent de chat;* une autre, appelée *or de chat,* imite l'or par sa belle teinte jaune et son vif éclat. Le mica noir ressemble à la plombagine ; mais il s'en distingue par sa texture lamelleuse, et parce qu'il ne fait point trace sur le papier. Enfin le mica incolore est toujours diaphane comme le verre.

La composition chimique des micas est très-variable. Néanmoins ce sont presque toujours des silicates d'alumine, contenant une faible proportion de soude, de carbonate et de sulfate de chaux, et de différents oxydes métalliques. Ils font partie de roches primitives, telles que le granit, le gneiss et le mica-schiste. Il est vrai qu'on les rencontre aussi dans les dépôts modernes; mais ils ont sans doute été entraînés là après avoir été détachés de leur gangue naturelle par les agents géologiques, et notamment par l'érosion des eaux. Ceux qu'on emploie dans l'industrie et dans les arts proviennent principalement de la Sibérie, de la Russie, de la Pologne, de l'Inde, des États-Unis, etc. Avec les grandes feuilles de mica diaphane, les anciens faisaient des carreaux de vitre. En Sibérie, où cette variété existe en abondance, elle reçoit encore la même application. Il paraît qu'elle convient parfaitement pour cet usage à bord des navires de guerre, parce qu'elle n'éclate pas comme le verre au bruit des décharges d'artillerie. On en fait aussi des garnitures de lanternes, des branches d'éventail et certains instruments de physique. Le mica en menues paillettes et les sables micacés sont employés comme poudre à sécher l'écriture, sous le nom de *poudre d'or* et *d'argent*. Nos dames élégantes, à l'exemple des dames romaines, en saupoudrent aussi parfois leur chevelure, pour la faire scintiller aux lumières.

L'industrie parisienne, depuis quelques années, s'est emparée à son tour du mica lamelleux et diaphane, pour la confection d'éventails, d'écrans, d'abat-jour, de lettres d'enseignes pour magasins, de veilleuses et de cages pour les lampes et les becs de gaz. Ces cages ont l'avantage de ne point se briser par l'effet de dilatations inégales, comme font les *verres* ordinaires, sous l'influence des changements brusques de température.

Le mica s'étame facilement par les nouveaux procédés galvanoplastiques. On en fait donc des glaces qui peuvent être encadrées dans du bois ou dans du métal, ou cintrées pour les cartonnages. On s'en sert aussi pour écarter les oiseaux des arbres fruitiers, en les suspendant aux branches : par les mouvements que le vent leur imprime, par leur cliquetis et par leurs jeux de lumière, ces miroirs effraient les petits larrons emplumés, et ils n'ont pas la fragilité des miroirs de verre.

Le mica, soumis à l'action d'une haute température, perd son eau de cristallisation, prend une teinte argentée et des reflets irisés, qui simulent très-bien la nacre. On obtient alors, en le broyant, des paillettes nacrées, qui peuvent être employées de cent façons dans la fabrication des papiers peints et des cartonnages, dans la maroquinerie, la tabletterie, et même dans les modes et dans la confection des robes de bal ou des parures de théâtre. On voit, en résumé, que le mica joue parmi nous un rôle assez important, comme *trompe-l'œil*. Il justifie ainsi et son nom et le proverbe bien connu : « Tout ce qui reluit n'est pas or. »

Le *talc* est un silicate de magnésie. On en distingue deux espèces : le talc proprement dit et la *stéatite*.

Le talc proprement dit se rapproche beaucoup du mica par ses caractères extérieurs. Comme le mica, il est formé de lames ou feuillets minces et flexibles, mais sans élasticité, et beaucoup plus tendres. C'est peut-être le plus mou de tous les minéraux. On l'entame facilement avec le couteau, et même avec l'ongle. Il acquiert par le frottement l'électricité résineuse. Il est très-doux et comme gras au toucher, bien qu'il ne laisse pas de trace aux doigts. Sa poudre est aussi très-onctueuse ; elle rend la peau douce et lui donne un air de fraîcheur. Aussi cette poudre est-elle la base du fard, où le rouge de carthame joue le rôle de matière colorante. On l'emploie aussi seule, comme blanc de fard. Dans l'un et l'autre cas, elle est bien préférable aux autres substances minérales qu'on fait

trop souvent entrer dans la composition de ces cos-
métiques, et qui peuvent, absorbées par la peau,
exercer une funeste influence sur la santé. Cette même
poudre est celle qu'on désigne vulgairement sous le
nom de *poudre de savon,* et dont les gantiers et les
bottiers se servent pour lubréfier l'intérieur des gants
et des chaussures, et les nourrices pour prévenir les
coupures qui prennent naissance aux plis de la peau
chez les jeunes enfants. Il existe, au surplus, quelques variétés de talc, caractérisées par leur structure, et dont chacune est susceptible d'emplois spéciaux.

Le talc *laminaire* se divise en feuillets très-minces,
qui se plient et se contournent aisément. Il est blanc
ou blanc-verdâtre. C'est celui qu'on nomme dans le
commerce « talc de Venise », parce qu'il nous vient
de cette ville, qui elle-même le reçoit du Tyrol. On
trouve aussi le talc laminaire dans les Alpes, dans les
Pyrénées et dans quelques parties de l'Allemagne.

Le talc *lamellaire* est en feuilles plus petites que le
précédent ; il est tantôt incolore, tantôt jaunâtre ou
rosé.

Le talc *écailleux,* improprement appelé *craie de
Briançon,* se tire de la Montagne-Rousse, près de
Fenestrelles, du territoire de Brailly, dans la vallée
de Saint-Martin, et de certaines localités du Piémont.
Il est en masses qui se divisent en petites écailles, sans
offrir de joints continus.

Enfin, le talc *fibreux* est composé de fibres radiées,

et le talc *pulvérulent* est en masses argiloïdes d'un gris blanchâtre.

Le talc écailleux est celui dont les tailleurs se servent en guise de crayon pour tracer leurs coupes sur les étoffes. On l'emploie, ainsi que le talc pulvérulent, pour dégraisser les soies. Les talcs laminaire et lamellaire peuvent, comme le mica, être employés à la confection de vitres moins fragiles que les vitres en verre.

La *stéatite* diffère du talc proprement dit par sa structure compacte. Elle est, du reste, également douce et onctueuse au toucher, et, sous ce rapport, propre aux mêmes usages. Exposée au feu, elle blanchit d'abord et se durcit; elle ne fond que difficilement, et se convertit alors en émail, ou se réduit en une pâte blanche. On connaît plusieurs variétés de cette espèce, entre autres : la *pierre de savon*, pierre très-onctueuse, de couleur grise ou brunâtre, qui forme des veines dans la serpentine du cap Lizard (Cornouailles); la stéatite *terreuse* ou *craie d'Espagne*, et la stéatite *fibreuse* ou *asbestiforme*, qui ressemble à l'asbeste dur.

Asbeste est le nom générique d'un groupe de minéraux auxquels appartient la curieuse substance généralement connue sous le nom d'*amiante*. Chimiquement parlant, ces minéraux sont des silicates de chaux et de magnésie, contenant ordinairement une petite quantité d'alumine. Sous le point de vue minéralogique, les asbestes se rattachent, pour la plupart, aux amphiboles. On les rencontre surtout dans les terrains magnésiens de la Corse, de Chypre, des Pyrénées et du Dauphiné. Il s'en faut de beaucoup qu'ils aient toujours la blancheur, l'éclat soyeux et la forme filamenteuse qui caractérisent particulièrement l'amiante proprement dit. Leur couleur et leur consistance sont, au contraire, très-variables, ainsi que l'indiquent les différents noms de *liége*, de *cuir*, de *chair* et de *papier fossiles*, sous lesquels on les désigne.

L'*amiante* est connu depuis les temps les plus reculés. Sa ressemblance avec les fibres organiques les plus fines et les plus belles, jointe à son incombustibilité, l'avaient fait remarquer des anciens, qui surent de bonne heure le filer et le tisser pour en faire des linceuls dans lesquels ils brûlaient leurs morts, et des nappes qu'il suffisait de passer au feu pour les nettoyer. Les Grecs et les Romains faisaient aussi avec l'amiante des mèches pour les lampes qui brûlaient sur les autels et dans les temples des dieux, et qui ne devaient jamais s'éteindre.

L'amiante est ordinairement blanc, quelquefois légèrement coloré en gris ou en vert. Ce sont des fibres soyeuses et flexibles, qui ont quelquefois 30 ou 35 centimètres de long, et qu'il est facile de tisser, sinon seules, au moins avec des fibres végétales qu'on détruit ensuite en les brûlant. Il n'est point attaqué par les acides; il est incombustible, réfractaire, et résiste à l'action de nos feux ordinaires; mais une

chaleur plus forte, surtout lorsqu'il est divisé, le
fond et le vitrifie. On a tenté d'utiliser ces propriétés
de l'amiante en fabriquant avec cette substance des
vêtements incombustibles à l'usage des sapeurs-pom-
piers. Ces essais ont eu le résultat négatif qu'on aurait
dû prévoir. Il ne suffit pas, en effet, pour se soustraire aux dangers d'un incendie, d'être vêtu d'une
chemise ou d'une veste incombustible; c'est aussi
contre la chaleur excessive qu'il importe de se garantir; ce qu'on ne peut faire qu'en s'enveloppant de
corps mauvais conducteurs du calorique. L'emploi de
l'amiante ne résout donc que la moitié du problème,
et, en pareil cas, une solution incomplète est frappée
de nullité. On a eu l'idée aussi de faire avec l'amiante
du papier incombustible; mais les caractères qu'on y
traçait ne résistaient pas, comme ce papier, à l'action
du feu. En résumé, l'amiante n'a guère aujourd'hui
d'emploi que dans les laboratoires, où l'on a souvent
occasion de mettre à profit son inaltérabilité pour certaines opérations où aucune autre substance fibreuse
ou spongieuse ne pourrait être employée.

La *magnésite* ou *écume de mer* présente, sous le
rapport de la composition chimique aussi bien que
des propriétés physiques, une grande analogie avec
le talc. C'est un *trisilicate de magnésie hydraté*. Sa
blancheur, sa légèreté, son grain fin, sa porosité, lui
ont fait donner le nom d'*écume de mer*, qu'un spiri-
tuel et paradoxal écrivain s'avisa, il y a une trentaine
d'années, de vouloir faire passer pour une corruption

de *Krummer* ou *Kummer,* nom d'un personnage ima-
ginaire auquel il attribuait l'invention des pipes dites
d'*écume de mer.* D'après cet écrivain, l'écume de
mer serait un composé artificiel. Rien de plus faux.
L'écume de mer est un minéral parfaitement naturel,
qui appartient aux terrains de sédiment secondaires
et tertiaires. On la trouve en Anatolie, dans un calcaire compacte à rognons de silex; en Espagne, à
Vallecas, près de Madrid, dans des couches superposées aux argiles salifères; en France, à Salmelle
(Gard), à Coulommiers (Seine-et-Marne) et à Saint-
Ouen (Seine), au milieu du terrain d'alluvion inférieur au gypse. La variété d'Asie est la plus fine et
la plus convenable pour la fabrication des pipes.
L'écume de mer a une cassure mate et terreuse; elle
est peu onctueuse au toucher, happe fortement à la
langue, et prend, par le frottement, le brillant de la
cire. Elle est très-tendre, se coupe avec un couteau
et s'entame avec l'ongle; mais elle possède en même
temps une certaine ductilité et s'aplatit sous le marteau avant de se briser. Sa densité est de 1,27 à 1,60.
A l'état frais et encore humide, l'écume de mer est
très-molle, et l'on peut la mouler et la gratter presque
aussi facilement que l'argile. La *fausse écume* est une
sorte de pâte faite avec les rognures de la vraie, ré-
duites en poudre très-fine, mélangées avec de l'argile
et pétries avec une matière grasse.

XVII

Le basalte. — La pierre ponce.

Nous avons vu déjà la silice entrer comme élément constituant dans un grand nombre de pierres très-diverses d'origine et de propriétés ; mais nous l'avons surtout rencontrée dans les roches de formation ancienne, et, en général, ignée. C'est aussi à l'action du feu souterrain qu'il faut rapporter les épanchements, souvent considérables et quelquefois assez récents, de matières siliceuses telles, par exemple, que le *basalte* et la *pierre ponce*.

Ces deux espèces minérales appartiennent l'une et l'autre à ce groupe de matières hétérogènes comprises sous la dénomination générique de *laves,* qui s'échappent, à l'état de fusion liquide ou pâteuse, du cratère des volcans, se répandent alentour et se solidifient bientôt par le refroidissement.

Le basalte est essentiellement composé de feldspath et de pyroxène[1] ; il contient une forte proportion d'oxyde de fer, au point d'agir d'une manière sensible sur l'aiguille aimantée. Il est sonore, tenace, ordinairement assez dur pour donner des étincelles sous le choc du fer. Sa texture est plus ou moins

---

[1] Silicate double à base de chaux, de magnésie, de protoxide de fer, etc., analogue aux amphiboles.

homogène, tantôt celluleuse, tantôt compacte. Mais, si compacte qu'il soit, le basalte s'altère toujours, à la longue, au contact de l'air; alors il arrive souvent qu'il prend l'aspect d'autres espèces minérales, et que sa structure est, pour ainsi dire, mise à nu. Si elle est grenue, il se divise en grains inégaux; si elle est stratifiée, il se partage en feuillets à la manière des schistes. Enfin si, au moment de sa fusion, le basalte a pris la forme de blocs arrondis, il se montre composé de couches concentriques.

Le basalte forme tantôt, comme les autres laves, des masses uniformes, tantôt des boules qui ont quelquefois plusieurs mètres de diamètre; tantôt enfin des faisceaux de prismes à cinq, six, sept ou huit pans, qui sont sa forme originale et caractéristique. Ces prismes se divisent en fûts ou tronçons superposés et emboîtés les uns dans les autres, de manière à former de véritables colonnes; et lorsqu'ils sont disposés verticalement en grand nombre les uns à côté des autres, leur ensemble offre l'aspect grandiose de constructions gigantesques qu'on prendrait pour des œuvres d'architecture. On cite plusieurs spécimens remarquables de ces monuments de la nature : en France, près du bourg de Vals, à 600 kilomètres de Privas, et près de Murat, en Auvergne; en Irlande, près du cap Fairhead, dans le comté d'Antrim; dans l'île de Mull, une des Hébrides, non loin de la côte occidentale de l'Écosse, etc.; mais le plus extraordinaire est sans contredit la célèbre *grotte de Fingal,*

qui occupe toute l'île de Staffa, au nord de l'Écosse.
L'ouverture de cette grotte a 12 mètres de large; sa
hauteur est de 19 mètres, et sa profondeur de 46. Le
monument basaltique du cap Fairhead est connu sous
le nom de *chaussée des géants.*

Sous le rapport des applications, les basaltes sont
loin d'offrir le même intérêt que sous les rapports
esthétique et scientifique. Ce sont d'assez médiocres
matériaux de construction, d'abord à cause de leur
dureté, qui les rend très-difficiles à tailler; ensuite,
à cause de l'action destructive qu'exerce sur eux à la
longue l'air atmosphérique. Toutefois on fait grand
usage en Auvergne du basalte lithoïde appelé *pierre*
ou *lave de Volvic.* Cette pierre, d'un gris presque
noir, donne aux grandes constructions un air sévère
et mélancolique qui ne manque ni de caractère ni
de majesté. La cathédrale de Clermont-Ferrand en
est un exemple remarquable. On construit aussi avec
ce basalte d'autres édifices publics et des maisons;
mais on l'emploie surtout pour le dallage des trottoirs et pour le pavage des chaussées.

On a fait avec le basalte des objets d'ornement tels
que coupes, vases, statuettes, etc., ainsi que des
vasques, des bassins et des fontaines; certaines variétés sont même susceptibles d'un assez beau poli, mais
ne sauraient entrer en comparaison avec le marbre,
encore moins avec le jaspe, le porphyre ou la serpentine.

La *pierre ponce* (on dit aussi, plus brièvement, la

Chute de l'Anio.

ponce) tire son nom, selon quelques étymologistes, de la petite île de Ponza ou Pontia, où elle aurait été découverte pour la première fois ; mais il est plus probable que ce nom est tout simplement dérivé du latin *pumex*. Quoi qu'il en soit, elle se rencontre dans la plupart des terrains volcaniques, où elle se présente comme un produit immédiat des éruptions, une lave refroidie et solidifiée dans un état de boursouflement qui lui donne sa texture poreuse et son extrême légèreté. Les minéralogistes la désignent sous le nom de *pumite*, et en distinguent deux variétés : la pumite stratiforme, — c'est-à-dire épanchée en couches larges et d'une épaisseur variable, — qui est considérée comme une véritable obsidienne boursouflée ; et la pumite *lapillaire*, c'est-à-dire en petites pierres, dont la formation paraît due au refroidissement rapide des matières feldspathiques fondues que les volcans projettent en l'air à l'état de globules. C'est la seconde variété qu'on préfère pour les usages industriels et domestiques. Le commerce tire principalement la pierre ponce de l'ancien royaume des Deux-Siciles, où elle est recueillie en quantités énormes autour du Vésuve et de l'Etna ; de la Toscane, de l'État pontifical, des îles Lipari, des environs de Coblentz et d'Andernach, du Puy-de-Dôme, de la Guadeloupe, du Mexique.

La pierre ponce est une substance très-légère, très-poreuse, friable, assez dure pour rayer et user le verre et les métaux, rude au toucher ; elle forme une sorte de tissu spongieux, tantôt très-serré, tantôt lâche et présentant des cavités traversées par des filaments vitreux. Sa densité ou pesanteur spécifique varie de 0,752 à 0,910. Sa couleur la plus ordinaire est le blanc grisâtre ou le gris-perle; mais on en trouve aussi qui est d'une nuance bleuâtre, ou verdâtre, ou brune, ou même rouge.

Les usages de la pumite sont nombreux, et font de cette pierre l'objet d'une consommation très-considérable. Les parcheminiers, les corroyeurs, les marbriers, les menuisiers, les doreurs, les lapidaires, les ouvriers en métaux s'en servent pour polir ou *poncer* leurs ouvrages. Elle est employée par beaucoup de personnes comme ustensile de toilette, pour nettoyer et adoucir la peau des mains, limer les durillons et les cors aux pieds, — sauf le respect que je vous dois, lectrices et lecteurs. Réduite en poudre très-fine, elle joue aussi le rôle de dentifrice; on l'a incorporée dans un savon qui a reçu le nom de *savon ponce* (et dont l'usage, soit dit entre parenthèse, est un peu passé de mode). Enfin, on a fait aussi entrer la pierre ponce dans la composition des mortiers hydrauliques et d'un vernis pour la poterie.

Le commerce français tire principalement cette substance de l'Italie méridionale, d'où elle est expédiée par la voie de Marseille.

XVIII

L'alumine et les roches alumineuses. — L'ardoise.

L'*alumine* n'est pas moins abondante dans la nature que la chaux et la silice. Elle est souvent mélangée ou combinée avec l'une ou l'autre, ou l'une et l'autre de ces deux substances, surtout avec la seconde, avec laquelle elle constitue, outre différentes pierres, la matière terreuse, si universellement répandue, qu'on désigne sous le nom d'*argile*.

L'alumine est le sesquioxyde de l'aluminium (Al^2O^3). On pourrait aussi lui donner le nom d'acide aluminique; car si elle se comporte comme une base vis-à-vis de certains acides, elle joue à son tour le rôle d'acide, non-seulement avec les alcalis, mais aussi avec des bases peu énergiques, telles que les oxydes de zinc et de cobalt. Combinée avec la silice ou acide silicique, l'alumine constitue essentiellement les argiles qui entrent pour une proportion énorme dans la composition de l'écorce terrestre, et qui reçoivent dans les arts, comme on sait, des applications d'une incomparable utilité. Les silicates d'alumine forment aussi, nous venons de le voir, de véritables pierres, dont quelques-unes ne sont pas sans valeur; mais les plus estimées de ces pierres ne sauraient entrer en comparaison avec celles dont l'élément unique est l'a-

lumine pure ou seulement mélangée avec de petites
quantités d'oxydes métalliques, et qu'on connaît sous
la dénomination générique de *corindons*.

L'alumine se retrouve d'ailleurs en proportions
plus ou moins considérables dans la plupart des matières terreuses et dans des roches d'une grande puissance, notamment dans le schiste commun et dans le
phyllade ou *schiste tigulaire*.

Ce dernier mérite que nous nous y arrêtions. On
l'appelle aussi *schiste ardoisier,* ou simplement *ardoise*. L'ardoise, comme l'indique son nom géologique de *phyllade* (du grec φύλλον, feuille), présente
au plus haut point la texture lamelleuse ou feuilletée
qui est, du reste, caractéristique de tous les schistes.
Sa couleur est ordinairement un gris violet plus ou
moins intense ; quelquefois c'est un gris pâle ou un
gris rougeâtre, qui décèle la présence d'oxyde de fer.

C'est grâce à la propriété qu'elle possède de se diviser facilement en plaques tantôt très - minces, tantôt
d'une certaine épaisseur, parfaitement planes et souvent de grandes dimensions, que l'ardoise peut être
si commodément employée pour la couverture des
édifices. Sa densité, sa consistance, son inaltérabilité sont d'ailleurs variables. L'ardoise pyriteuse, qui
contient des sulfures de fer et d'alumine, est de peu
de durée, parce que ces sulfures se convertissent
bientôt en sulfates, en s'oxydant au contact de l'air.
Les ardoises à tissu lâche et poreux s'imprègnent de
l'eau des pluies et de celle qui est en suspension dans

Exploitation d'une ardoisière.

l'atmosphère, et la moindre gelée suffit pour les faire éclater ; elles ont en outre l'inconvénient d'être perméables. En général, on choisit l'ardoise dont la surface est lisse, le tissu homogène et serré, la couleur foncée. Il est bon aussi de la soumettre, avant de l'employer, à une expérience fort simple, qui consiste à l'immerger verticalement dans l'eau, de manière à ce qu'elle n'y plonge que jusqu'au tiers ou à la moitié de sa hauteur. Si, au bout de vingt-quatre heures environ, l'extrémité supérieure est parfaitement sèche, ce sera un signe évident de la densité du tissu, et l'ardoise sera jugée bonne. Dans le cas contraire, il faudra la rejeter comme trop poreuse et trop hygrométrique.

L'ardoise est abondamment répandue dans la nature. Les carrières d'où on l'extrait s'exploitent en certains endroits comme de véritables mines. Telles sont les immenses ardoisières des environs d'Angers ; celles de Rimognes, d'Olmütz, du pays de Galles, du Westmoreland, etc.

Les meilleures ardoises se tirent, en France, de l'Anjou, de la Bretagne, du Dauphiné, de la Savoie, des départements de la Corrèze, des Ardennes et de la Seine-Inférieure. Il en existe aussi de très-beaux gisements en Allemagne.

Les ardoises pour toiture, ou ardoises *tégulaires,* se distinguent en plusieurs sortes, que les marchands et les couvreurs désignent sous les noms assez bizarres de : *gros noir, poil noir, poil taché, poil roux.* L'ardoise *tabulaire* est celle que son épaisseur, sa densité, sa couleur, sa forme unie désignent pour des usages spéciaux. On en fait les tablettes sur lesquelles les écoliers écrivent avec un crayon de même matière, taillé dans les couches grises et tendres. C'est aussi dans cette variété supérieure que sont prises les grandes pièces, telles que tables, bancs, etc. A l'exposition universelle de 1855, on remarquait une table de billard, magnifique monolithe venant d'Angers, et une révolution d'escalier à noyau plein, dont chaque marche était un bel échantillon des produits de Rimognes.

L'emploi des ardoises pour la toiture a fléchi depuis quelques années devant la concurrence des tuiles, dont la fabrication fait de remarquables progrès, et plus encore devant celle du zinc et même de la tôle, qui ont généralement prévalu pour la couverture des grands édifices. Néanmoins les ardoisières de France et de l'étranger trouvent encore pour leurs produits des débouchés suffisants et des prix rémunérateurs.

XIX

Les corindons. — Corindon compacte. — Corindon ferrifère, ou émeri. — Corindon adamantin, ou harmophane. — Corindons hyalins. — Améthyste orientale.

Nous avons dit, dans le chapitre précédent, que l'alumine se trouve souvent dans la nature à l'état de pureté parfaite, ou presque parfaite, et qu'elle prend alors le nom de *corindon*. Le corindon est une des espèces minérales les plus remarquables; la bijouterie lui emprunte les gemmes qui, après le diamant, ont le plus de valeur. C'est aussi, après le diamant, le minéral le plus dur que l'on connaisse. Sa densité est très-considérable, puisqu'elle varie de 3,9 à 4,3. Il est très-inaltérable, infusible au chalumeau, inattaquable par la plupart des réactifs chimiques. Son pouvoir réfringent est représenté par le nombre décimal 0,739. Il possède la double réfraction, bien qu'à un faible degré. Le type primitif de ses cristaux est un rhomboèdre aigu, qui constitue en même temps son solide de clivage; mais leurs formes habituelles et dominantes sont le prisme hexagonal ou des pyramides à faces isocèles, qui ne sont que des cas particuliers de modifications conduisant au scalénoèdre. Le corindon pur est incolore; mais le mélange ou la combinaison de divers sels métalliques communique à plusieurs de ses variétés des teintes rouge, bleue, jaune, verte, violette, plus ou moins vives. On trouve quelquefois du corindon complètement opaque, d'un gris obscur ou d'un brun rougeâtre ou noirâtre. D'autres fois, les cristaux sont en partie limpides, en partie colorés; ou bien ils présentent en apparence deux couleurs, dont l'une est due à la réflexion, l'autre à la réfraction; ou bien encore chacune des couleurs du cristal répond à une des couches d'accroissement; enfin, quelques cristaux offrent des reflets satinés ou bronzés, surtout lorsqu'on les regarde dans la direction de leur axe. C'est à cette variété que se rattachent les corindons astéries dont nous parlerons tout à l'heure. Ces reflets chatoyants, diversement expliqués par les minéralogistes, acquièrent avec le poli un vif éclat.

Les corindons appartiennent, en général, aux terrains de cristallisation. On les trouve disséminés dans les filons de feldspath qui traversent la syénite; dans le granit du Piémont et des monts Ourals; dans les dépôts d'oxyde de fer de Gellivora, en Laponie; dans les roches talqueuses de Chaumont; dans les dolomies du Saint-Gothard; dans les basaltes et les tufs basaltiques du Puy-en-Vélay et de la Bohême, et dans les sables provenant de roches semblables, en quelques localités de l'Inde, de la Chine et de Ceylan. On distingue quatre variétés principales de corindons, savoir : le corindon *compacte,* le corindon *ferrifère,* le corindon *adamantin* et le corindon *hyalin.*

Le corindon compacte est complétement opaque, d'un aspect terreux, gris ou noirâtre. On le trouve dans un feldspath altéré, aux environs de Mazzo, en Piémont. Il est à peu près sans usage.

Le corindon ferrifère ou ferrugineux contient, à l'état de mélange, une certaine quantité d'oxyde de fer, à laquelle il doit d'exercer une action sensible sur l'aiguille aimantée. Ce corindon est généralement connu sous le nom d'*émeri;* sa texture est grenue, sa couleur brune, rougeâtre ou bleuâtre. Sa masse est parsemée d'un grand nombre de points brillants. Sa densité est environ quatre fois celle de l'eau. Il est très-dur, et, réduit en poudre, on l'emploie fréquemment pour user ou polir les métaux, les pierres fines, les glaces et le verre. On revêt souvent de cette poudre, en l'y faisant adhérer avec de la colle ou de la gomme, du papier appelé alors *papier-émeri,* qui sert à polir l'acier, le fer, le cuivre et le bois. Les flacons destinés à contenir des acides ou d'autres liquides qui détruiraient les bouchons de liége, sont bouchés avec des bouchons en verre usés à l'émeri ainsi que la paroi intérieure du goulot, auquel ils s'adaptent alors hermétiquement.

Le corindon adamantin, ou *harmophane,* est translucide, lamelleux, facile à diviser en fragments rhomboïdaux. Il comprend toutes les variétés que l'on tire du Thibet, de l'Inde et de la Chine, et qui sont beaucoup plus ternes que les gemmes orientales.

Celles-ci ne sont que les sous-variétés du corindon

hyalin (*télésie* de Haüy, *saphir* des minéralogistes allemands). *Hyalin* signifie vitreux : le lecteur ne l'a pas oublié. Le corindon hyalin est donc, comme le quartz hyalin, un minéral transparent, à cassure vitreuse, tantôt incolore, tantôt coloré. Sa limpidité, sa dureté extrême et la beauté de son éclat lui assignent, après le diamant, le premier rang parmi les pierres précieuses que la joaillerie met en œuvre. A cette variété appartiennent, en effet, toutes les gemmes qui ont reçu la qualification d'*orientales*. Les plus estimées sont le corindon violet pur, ou améthyste orientale; le corindon vert, ou émeraude orientale; le corindon cramoisi, ou rubis oriental; le corindon bleu d'azur, ou saphir oriental; le corindon jaune, ou topaze orientale; le saphir blanc, et enfin le corindon *astérie*.

Disons tout de suite quelques mots de ce dernier. On donne le nom d'*astéries* aux cristaux qui, sur un plan perpendiculaire à leur axe, montrent une sorte d'étoile blanchâtre à six rayons. Ces étoiles sont très-régulières et du plus bel effet. Elles sont dues à un jeu de lumière produit par des systèmes de fibres, de raies ou de stries visibles à la surface ou dans l'intérieur des cristaux, et agissant comme autant de miroirs linéaires. Ce fut un lapidaire français établi à Hambourg, qui observa et décrivit le premier le phénomène de l'astérie par réflexion; mais c'est au savant de Saussure qu'on en doit l'explication. Les corindons-astéries sont rares et d'un prix très-élevé.

L'améthyste orientale l'emporte sur l'améthyste com-

mune (quartz hyalin violet), non-seulement par l'uniformité, mais aussi par la pureté de sa couleur, par la
vivacité de son éclat, par sa dureté et par sa transparence. Les plus belles viennent de la Sibérie, de l'Espagne et de Ceylan. On en trouve quelques-unes, mais
de moindre valeur, en Saxe, en Silésie, en Hongrie,
dans le Palatinat, et même en France, dans le département des Hautes-Alpes. L'améthyste est la moins
précieuse des pierres orientales. Les lapidaires ne lui
assignent que le onzième rang dans leur classification.
Ils la placent au-dessous de l'opale, de la perle et du
grenat syrien ; à plus forte raison, au-dessous des
autres corindons hyalins.

XX

Les rubis. — Rubis oriental. — Rubis spinelle. — Rubis balais
ou alabandine.

La première place, parmi les corindons, appartient
au *rubis*. Toutefois il faut distinguer ; car on désigne
sous ce nom, dans le commerce de la joaillerie, plusieurs pierres de l'espèce des corindons et des *spi-*
nelles, remarquables par leur couleur rouge vif, leur

7*

transparence et leur dureté. Les principales sont le *rubis d'Orient*, le *rubis spinelle*, le *rubis balais* et l'*alabandine*.

Rubis d'Orient. C'est le plus estimé, ou, pour mieux dire, le seul vraiment estimé. Dans la série des gemmes, il vient immédiatement après le diamant. On le reconnaît à sa belle couleur rouge de sang (quelquefois altérée par des reflets laiteux), à sa limpidité, à son velouté, qui lui donnent, ainsi qu'aux autres gemmes colorées, tant de prix aux yeux des connaisseurs; à sa dureté, qui ne le cède qu'à celle du diamant. Sa pesanteur spécifique est de 4,28. Sa forme cristalline primitive est rhomboédrique, comme celle des autres corindons; mais elle est souvent altérée par des frottements : en sorte que le rubis naturel peut se présenter sous la forme ovale ou arrondie; mais il est toujours susceptible de clivage. C'est un corindon hyalin proprement dit. Il est donc essentiellement composé d'alumine pure et d'une très-faible quantité d'oxyde de fer, à laquelle il doit sa couleur. Les plus beaux rubis viennent de Ceylan. Ceux de l'Inde occupent le second rang, et ceux de la Chine, le troisième. Les beaux rubis d'Orient sont extrêmement rares; aussi arrive-t-il que ceux qui sont d'un volume considérable, d'une belle nuance veloutée et d'une limpidité parfaite, dépassent la valeur de diamants d'un volume égal. On cite quelques rubis de la grosseur d'un demi-œuf de poule; mais ce sont là des exceptions. Le plus gros dont il soit fait mention dans l'inventaire des pierreries de la cou-

ronne de France, pèse 73 carats 2/16 [1]. Il fut estimé,
en 1791, 73,500 fr. Cette valeur peut être portée
aujourd'hui à 100,000 fr. au moins. Un autre, de
7 carats seulement, fut estimé 8,000 fr., probablement
à cause de sa forme et de sa beauté. On comprend, du
reste, que le prix des rubis, comme celui de toutes les
gemmes, varie sensiblement selon les circonstances.

Le rubis oriental possède la double réfraction. Le feu
le plus ardent n'altère ni sa forme ni sa couleur. Il est
très-difficile à graver à cause de son extrême dureté.
Le cabinet de minéralogie du Muséum de Paris possède
deux échantillons de ce travail, qui montrent la difficulté, ou plutôt l'impossibilité de le bien exécuter.

Rubis spinelle. Cette pierre est d'une tout autre
espèce que la précédente. Elle n'est pas formée d'alumine pure : elle contient en outre de la magnésie, de
la silice et de l'oxyde de fer. Sa forme cristalline dérive
de l'octaèdre régulier ; mais on la trouve toujours en
grains qui ne sont que des cristaux déformés ou arrondis par le frottement. Le rubis spinelle est très-dur,
infusible, transparent, doué d'un bel éclat vitreux. Sa
pesanteur spécifique est de 3,7. Il offre ordinairement
différentes nuances de rouge ; mais sa teinte dominante
est presque toujours le rouge ponceau. Bien qu'il oc-

---

[1] Le *carat* ou *karat* est un poids spécial exclusivement réservé
pour peser les pierres précieuses et quelquefois l'or. Sa valeur est
loin d'être partout la même. En France elle est de 0ᵍʳ 20587 ; à
Londres, elle est de 0ᵍʳ 205303 pour les diamants et les corindons,
et de 2.073 pour les perles ; à Berlin, elle est de 0.205537 pour les
gemmes, et de 9.74398 pour l'or.

cupe un rang élevé dans la hiérarchie des pierres précieuses, il a beaucoup moins de valeur que le rubis
d'Orient. Son origine est à peu près la même : il se
trouve disséminé dans les calcaires et les dolomies
lamellaires, ou dans le sable des rivières, à Ceylan,
dans le Pégu, dans le Maïssour (Mysore) et dans quelques autres contrées de l'Hindoustan et de l'Indo-
Chine. Les plus beaux viennent, dit-on, du Pégu et
des montagnes du Cambodge. La couronne de France
possède un rubis spinelle de 56 carats, évalué 56,000 fr.
dans l'inventaire cité plus haut. On grave cette pierre
plus aisément que la précédente. Caire cite deux rubis
spinelles gravés : l'un, du musée d'Odescalchi, représente Cérès debout, un épi à la main ; l'autre, qui faisait partie de la collection du duc d'Orléans, est taillé
en forme de cœur et porte une effigie qu'on croit être
celle d'un héros ou d'un philosophe grec.

Rubis balais. C'est une variété de spinelle, mais une
variété inférieure. Sa pesanteur spécifique n'est que de
3,64. Il est le plus souvent d'un rouge vineux ou lie
de vin, quelquefois rose, mais rarement de nuance uniforme, et toujours sans reflets laiteux. A moins d'être
très-gros et d'une pureté exceptionnelle, il a relativement peu de valeur. Il prend cependant un assez beau
poli. L'inventaire des joyaux de la couronne de France
estime à 10,000 fr. un rubis balais de 20 carats 6/16.

Alabandine ou *almandine.* Bien qu'on l'ait souvent
classée parmi les rubis à cause de sa couleur rouge
foncée, cette pierre, du reste peu connue, diffère essen-

tiellement des rubis corindons et des rubis spinelles par sa composition et ses propriétés. C'est plutôt un grenat médiocrement dur, fusible à une haute température, et d'une densité de 2,157 seulement. L'alabandine est composée d'alumine, de silice et d'oxyde de fer, et cristallise dans le système cubique. C'est donc à tort qu'on lui donne quelquefois le nom de rubis spinelle rouge-violet ; celui d'alabandine lui vient d'Alabanda, ville de l'Asie Mineure, d'où on l'apportait autrefois en Europe. Au point de vue de la valeur, elle tient le milieu entre les rubis balais et les grenats ; mais elle se trouve à peine aujourd'hui chez les joailliers.

Les rubis proprement dits, au contraire, sont l'objet d'un commerce considérable. Non-seulement ils sont très-recherchés comme parure, mais il s'en fait aussi une grande consommation dans l'horlogerie, où on les emploie, à raison de leur dureté, pour monter les pivots des montres. Ceux qui sont destinés à cet usage ne sont taillés qu'imparfaitement. Ce ne sont d'ailleurs que des rubis de petites dimensions ; mais ils doivent être exempts de glaces et de givres. Les rubis corindons, étant les plus durs, sont ceux qu'on choisit de préférence pour les montres de prix. C'est de Calcutta que viennent la plupart des pierres pour l'horlogerie.

Quant aux rubis qui doivent entrer dans la bijouterie, on les taille ordinairement à l'émeri sur une roue en plomb. Toutefois, pour ceux qui sont très-minces et qui risqueraient de se briser, on emploie une roue en cuivre, avec de la poudre de diamant. Le poli se donne aussi sur une roue en cuivre garnie de tripoli de Venise. On donne habituellement aux rubis la forme dite à *degrés* ou *brillantée,* à petite table et à haute culasse. C'est à Londres et à Paris qu'on taille le mieux les rubis.

Je mentionne pour mémoire, avant de clore ce chapitre, quelques pierres de peu de valeur, qui se rattachent de très-loin à la classe des rubis. Ce sont celles qu'on désigne sous les noms de *rubicelle, rubace, rubis de roche, rubis rose, rubis du Brésil.* Ce dernier est une variété de topaze. Les autres sont des quartz, ou des feldspaths colorés, ou des tourmalines brûlées.

XXI

Les saphirs. — Saphir oriental. — Sappare.

Les minéralogistes allemands comprennent sous la dénomination de *saphirs* tous les corindons hyalins; mais les joailliers et les lapidaires, d'accord en cela avec les minéralogistes français et anglais, ne donnent ce nom qu'aux corindons de couleur bleue. La nuance varie, du reste, depuis le bleu le plus foncé jusqu'au plus pâle. On trouve même des saphirs dans lesquels la coloration ne s'étend qu'à une partie du cristal, et d'autres qui sont presque entièrement blancs. Mais les plus estimés sont ceux dont la teinte est franche, ni trop claire ni trop foncée, et tenant à peu près le milieu entre le bleu d'azur et le bleu indigo. On connaît deux espèces de saphir bien distinctes, et de valeurs très-inégales : le saphir proprement dit ou *saphir oriental*, et la *sappare*.

Saphir oriental. C'est le seul saphir vrai. Comme le rubis, il est entièrement formé d'alumine pure, colorée par une très-faible proportion d'oxyde métallique. La dureté du saphir est égale, quelquefois même supérieure à celle du rubis oriental. Son pouvoir réfringent, inférieur à celui du diamant, surpasse de beaucoup celui des autres gemmes. Il présente le phénomène de la double réfraction. Sa densité spécifique est de 4,01. Sa transparence n'est pas toujours parfaite : ses cristaux sont souvent laiteux et seulement translucides. Sa forme primitive paraît dériver du dodécaèdre à faces triangulaires; mais on le rencontre fréquemment en morceaux arrondis par les frottements qu'ils ont subis en roulant dans le lit des torrents. Cette particularité, ainsi qu'on l'a déjà remarqué, lui est commune avec les autres corindons hyalins. Il se trouve aussi dans les mêmes terrains et dans les mêmes contrées : dans l'Inde, à Ceylan, au Brésil et dans quelques parties de l'Europe. Les saphirs de l'Inde et de Ceylan sont les plus volumineux et les plus purs. Le plus beau que l'on connaisse fut trouvé au

Bengale vers la fin du siècle dernier, et apporté en Europe, où, après avoir passé par plusieurs mains, il fut, en dernier lieu, acheté par le roi de France. Il figure maintenant au cabinet de minéralogie du Muséum d'histoire naturelle. Ce saphir pèse 132 carats 1/16 ; il est taillé en losange à six pans et poli à plat sur toutes ses faces. A l'exposition de 1855, on a pu voir, dans la vitrine de M. Hancock, deux saphirs d'une beauté extraordinaire, appartenant à miss Burdett Coutts, et évalués ensemble 750,000 fr.

Les saphirs qu'on trouve au Brésil, ainsi qu'en Silésie, en Bohême, en Alsace, sont quelquefois appelés *saphirs occidentaux*. Ils sont bien de même espèce que ceux d'Orient, mais beaucoup moins beaux. Les uns sont d'un bleu verdâtre : on les appelle *saphirs plombés ;* les autres sont mêlés de blanc et de bleu céleste ; on les nomme *saphirs d'eau.* On rencontre aussi à Ceylan des spécimens de cette dernière variété ; il suffit de les exposer au feu pour les rendre tout à fait incolores. Les saphirs d'eau sont relativement tendres, et leur densité spécifique ne dépasse pas 2,60. Dans le ruisseau d'Épailly, on a trouvé des pierres d'un beau bleu, qu'on a appelées *saphirs de France,* mais qui ne sont, à ce qu'il paraît, que des quartz hyalins, et n'ont presque pas de valeur.

La taille du saphir est à peu près la même que celle du rubis, et s'exécute par des procédés semblables. D'après M. Ed. Halphen, la forme qu'on lui donne varie suivant la qualité et l'épaisseur de la pierre ; mais la plus ordinaire est le carré à pans coupés, brillanté autour de la table et à degrés du côté de la culasse. La gravure est peut-être encore plus difficile sur saphir que sur rubis, parce que le premier est souvent plus dur et toujours plus cassant.

Sappare. C'est le *disthène* d'Haüy, qui l'a ainsi appelée (du grec δίς, deux fois, et σθένος, force), parce qu'elle peut prendre l'une et l'autre électricité. Les anciens minéralogistes la nommaient *scharl bleu;* les Allemands l'appellent *rhœtizite;* on la désigne quelquefois aussi sous les noms de *béryl feuilleté* et de *cyanite.* C'est un silicate simple d'alumine, dans lequel la quantité d'oxygène de la silice est à celle de l'alumine comme 1 : 2. La sappare (nous lui conserverons ce nom, qui est aujourd'hui le plus usité) est en cristaux lamelliformes très-allongés, bleus ou blanchâtres, qui se clivent très-facilement dans un sens parallèle à leur axe. Sa dureté est inégale sur ses différentes faces, et plus grande aux angles et aux arêtes que sur les pans. Sa densité est de 3,67. Elle est infusible au chalumeau. Ce minéral appartient aux terrains de cristallisation. On le trouve au Saint-Gothard, dans le Tyrol, en Saxe, en Styrie et dans l'État de New-York. On l'a rencontré aussi, il y a quelques années, en Bretagne, dans les roches schisteuses. Il accompagne souvent la tourmaline, le grenat et le graphite, qui parfois le colore en gris.

La sappare bleue, qui est la plus répandue, ressemble au saphir par sa couleur, bien que sa nuance, qui est celle du bleu de Prusse, arrive souvent, par transition, au gris et au vert. Elle a été apportée primitivement de l'Inde, comme une variété de saphir, et sa dureté, assez grande pour résister à la lime, peut, avec sa couleur, lorsque celle-ci est franchement azurée, tromper les personnes qui se connaissent peu en pierres précieuses. C'est encore de l'Inde qu'on la reçoit actuellement. Elle est d'ordinaire taillée et polie, quoique imparfaitement, suivant l'habitude asiatique. Les lapidaires l'ont en médiocre estime.

XXII

Les topazes. — Topaze orientale. — Topaze de l'Inde. — Topaze du Brésil. — Topazes de Saxe, de Bohême et de Sibérie.

La *topaze* vraie est la variété jaune de corindon hyalin; ce qui n'empêche pas que, par analogie, on n'applique ce nom à d'autres pierres de moindre valeur. Les lapidaires admettent dans ce groupe quatre espèces, ou, pour mieux dire, quatre sous-variétés : la topaze orientale, la topaze de l'Inde, la topaze du Brésil et les topazes de Saxe, de Bohême et de Sibérie.

La *topaze orientale,* bien entendu, est la plus précieuse. Elle présente la composition chimique et les caractères essentiels qui distinguent les corindons nobles, et se rapproche surtout du saphir, dont elle ne diffère que par sa couleur, qui est le jaune jonquille très-vif et très-velouté. Elle est ordinairement d'une belle transparence, et renferme en outre quelquefois de petites paillettes étincelantes. Sa pesanteur spécifique est 4 ; elle ne présente qu'à un faible degré la double réfraction. Sa forme cristalline est celle d'un prisme à quatre pans, ayant pour base un losange ; mais on la trouve presque toujours déformée par les frottements qu'elle a subis, en roulant avec d'autres pierres dans les terrains d'alluvion. Sa dureté est extrême : elle raye fortement le cristal de roche.

La topaze orientale tient parmi les gemmes un rang élevé ; elle devient d'ailleurs de plus en plus rare, ce qui ne laisse pas d'augmenter encore sa valeur. On la trouve à Ceylan, dans le Pégu et dans quelques autres parties des Indes orientales. Cette pierre se taille à degrés, à *double clôture* ou à facettes, comme le diamant. C'est au lapidaire de juger quelle est la taille qui convient le mieux, selon le volume et la forme de la pierre.

La topaze dite *de l'Inde* provient, en réalité, du Mexique. On a aussi trouvé, dans le ruisseau de la Gardette, des cristaux de couleur citrine, ayant la forme de prismes terminés par des pyramides tronquées, et présentant les caractères propres à la topaze de l'Inde, sauf la couleur, qui dans les cristaux de la Gardette était toujours très-vive et très-pure, tandis que dans les topazes de l'Inde elle varie du jaune safran au

blanc jaunâtre. La densité spécifique de cette topaze
est de 3,5 ; son pouvoir biréfringent est plus intense
que dans la topaze d'Orient ; comme celle-ci, elle est
assez dure pour rayer le cristal de roche ; mais elle a, en
somme, moins de valeur.

On reçoit du Brésil divers cristaux jaunes ou bruns,
qui ne doivent pas être confondus avec la véritable
topaze du Brésil. Celle-ci tient le second rang après la
topaze d'Orient. Elle est d'un beau jaune foncé et
velouté. Ses cristaux sont des prismes terminés par des
pyramides à quatre faces. Elle ne réfracte que faiblement la lumière. Elle raye fortement le cristal de
roche. Elle s'électrise, comme les autres topazes, par
le frottement, et conserve longtemps son électricité.
C'est ce caractère qui permet le mieux de la distinguer
des autres pierres analogues, de même provenance.

Un joaillier de Paris, nommé Dumelle, remarqua le
premier, en 1751, que la topaze du Brésil, convenablement chauffée dans un bain de sable, prend une
belle teinte rose, sans rien perdre de sa transparence
et de son éclat. Les topazes ainsi modifiées prirent
bientôt faveur. Elles sont encore très-estimées aujour-
d'hui. On les désigne sous le nom de topazes brûlées.
On trouve, du reste, dans les mines du Brésil, des
topazes qui ont, comme les topazes brûlées, la nuance
vineuse ou rosée du rubis balais. On les appelle *topazes
naturelles*, ou *rubis du Brésil*.

Les *topazes de Saxe*, *de Bohême* et *de Sibérie* se
trouvent, en général, sous la même forme cristalline

que les topazes du Brésil, du Mexique et même de l'Inde, et n'en diffèrent que par la couleur, qui est moins franche. Elles sont cependant beaucoup moins estimées, et employées seulement dans la bijouterie commune : M. Halphen dit même, dans la bijouterie fausse.

Toutes les topazes se taillent, comme celles d'Orient, à degrés, à double clôture ou à facettes. L'opération s'exécute à l'émeri sur une roue de plomb. On donne ensuite le poli sur une roue de cuivre, avec une pâte de tripoli de Venise.

Les topazes brutes se vendent au poids (carats), et les topazes taillées, à la pièce. Le prix de ces pierres est très-variable ; leur beauté ne fait pas seule leur valeur : la mode y est pour beaucoup.

XXIII

Les émeraudes. — Émeraude verte. — Béryls. — Aigue-marine.
— Béryl bleu. — Béril jaune-verdâtre. —
Béryl jaune. — Béryl incolore. — Prime-émeraude.

L'*émeraude* est classée par les auteurs au nombre des corindons hyalins ; elle en diffère cependant d'une manière très-notable par sa composition, puisque, loin d'être essentiellement formée d'alumine pure, elle ne contient, pour 100 parties, que 67,41 de cette base, unie à 18,75 de silice et à 13,84 de glucine, avec des traces d'oxydes de fer et de chrome. Quoi qu'il en soit des motifs qui ont décidé les savants à ne point tenir compte de cette différence capitale, l'émeraude mérite assurément, par ses qualités, l'honneur de figurer au rang des pierres les plus précieuses. C'est une des gemmes les plus anciennement connues ; elle fut, de tout temps et par tout pays, estimée à très-haut prix et recherchée des princes et des grands, à cause de sa belle couleur verte, de son éclat, de sa transparence et de sa dureté. Elle ne possède qu'à un médiocre degré la propriété de réfracter doublement la lumière. Elle est insoluble dans les acides, fusible en émail à une très-haute température ; assez dure pour rayer le quartz, mais se laissant à son tour rayer par le rubis et la topaze. Sa densité est de 2,7 seulement : encore autant de caractères qui distinguent nettement l'émeraude des vrais corindons ; et ce n'est pas tout. Les émeraudes, en effet, cristallisent dans le système dihexaédrique, avec le prisme hexagonal pour forme dominante. Les plans de clivage sont parallèles aux faces de ce prisme ; ils sont plus sensibles dans le sens des bases ; mais, en général, ils ne peuvent servir à diviser les émeraudes, et l'on est obligé de recourir, pour cette opération, à un instrument particulier, en forme de scie, parce que la cassure est conchoïdale. Les cristaux de la variété dite *aigue-marine,* qui sont des prismes très-allongés, se séparent transversalement en tronçons terminés, d'un côté, par une saillie, de l'autre, par une concavité.

L'espèce minérale qui a pour type l'*émeraude verte* comprend deux variétés principales, longtemps considérées comme deux espèces distinctes. L'une est l'émeraude proprement dite, ou émeraude verte de l'Égypte et du Pérou ; l'autre est le *béryl,* qui, lorsqu'il présente une teinte bleuâtre rappelant celle de l'eau de mer, est appelé *aigue-marine* (*aqua marina*).

L'*émeraude verte* est de beaucoup la plus recherchée. Les anciens, grands connaisseurs en fait de pierreries et de joyaux, la tenaient en haute estime et la réservaient pour servir de parure aux plus nobles dames et aux plus éminents personnages, tandis qu'ils abandonnaient les autres variétés aux graveurs, pour être travaillées au burin. C'est l'Égypte qui, dans l'antiquité, fournissait les plus belles émeraudes. Aujourd'hui, celles qui, sous le nom d'émeraudes du Pérou, ont le plus de réputation, se trouvent dans la vallée de Tunco, près de Santa-Fé de Bogota (république colombienne). On en tire aussi de l'Oural et de Salzbourg, où elles sont implantées, comme celles d'Égypte, dans un micaschiste noirâtre. Les émeraudes que les joailliers nomment *orientales* viennent de Ceylan. Elles se rapprochent, par leur dureté, de certains saphirs dont la couleur bleue tire légèrement sur le vert. Leur teinte est vive, mais moins intense que celle de l'émeraude du

Pérou. Celle-ci est caractérisée par la dénomination de *vert-pré animé*. Elle possède un éclat velouté lorsqu'elle est exempte de défauts ou *givres;* ce qui est malheureusement assez rare, surtout au-dessus d'un certain poids.

Le diamant et le rubis sont les seules pierres qui aient, toutes choses égales d'ailleurs, plus de prix que les belles émeraudes. Le prix dépend du reste, en grande partie, des caprices de la mode et de la fantaisie des acheteurs. L'émeraude se taille, comme les corindons, sur une roue de plomb enduite d'une pâte à l'émeri, et se polit sur la roue de cuivre avec du tripoli de Venise. On lui donne diverses formes ou *tailles*. La plus usitée est la taille dite carrée, à angles coupés et à biseau, avec la culasse en pyramide à degrés. On taille souvent aussi l'émeraude comme le diamant, en lui donnant en dessus une forme convexe avec un plus ou moins grand nombre de facettes. Enfin, on la taille encore en *pendeloque,* en *cabochon* et en *goutte de suif.*

Le *béryl* est souvent appelé *béryl vert* ou *béryl-émeraude,* pour indiquer sa connexité avec l'émeraude proprement dite, et pour le distinguer des autres pierres, très-nombreuses et d'espèces très-diverses, auxquelles les lapidaires ont appliqué à tort la même dénomination générique. D'autre part, on a souvent confondu le béryl véritable avec l'émeraude verte, et la vérité est qu'il est assez difficile de tracer, entre ces deux variétés du même type, une ligne bien nette de démarcation. Il existe cependant une première différence, qui réside dans leur composition chimique.

En effet, l'émeraude verte doit sa belle couleur à la présence de l'oxyde de chrome, tandis que le béryl vert est coloré par un sel de fer qui lui donne une teinte beaucoup moins vive. De plus, tandis que, dans les cristaux prismatiques de l'émeraude, les pans sont lisses et les bases rugueuses, dans ceux du béryl et de l'aigue-marine (qui n'en est, comme nous l'avons dit, qu'une variété), les bases sont unies, et les pans marqués de stries longitudinales, et déformés par des convexités qui donnent souvent au cristal la forme d'un canon cylindrique plutôt que celle d'un prisme.

Enfin, la coloration des béryls peut varier depuis le vert-bleuâtre qui caractérise l'aigue-marine jusqu'au jaune de miel très-pâle, de la variété appelée *émeraude miellée*. On trouve même des béryls tout à fait incolores, et semblables, sous ce rapport, au cristal de roche le plus pur. La pesanteur spécifique du béryl varie de 2,70 à 2,77. Le pouvoir biréfringent est encore moins sensible dans cette pierre que dans l'émeraude, et l'on trouve même des échantillons où il est impossible de le reconnaître. Le béryl est assez dur pour rayer le quartz; mais il est à son tour entamé par la topaze. Quant à son aspect, il pourrait, dans les variétés les plus colorées, le faire confondre avec la tourmaline verte; mais la teinte de cette dernière pierre se rapprocherait plutôt du vert-bouteille que du vert de mer. La tourmaline est d'ailleurs plus pesante, et devient électrique par la chaleur; tandis que le béryl n'est électrisé que par le frottement.

Les béryls les plus estimés viennent dè l'Orient. La mine d'Alepaski, en Perse, aujourd'hui épuisée, a longtemps fourni à la joaillerie ses plus remar-quables échantillons. Présentement on tire la plu-part des aigues-marines de la Sibérie, de la Daourie (frontière de l'empire chinois), de la Saxe et du Brésil. Les autres espèces se trouvent à Ceylan, dans les montagnes de l'Éthiopie, à l'île d'Elbe, en Ba-vière, et même en France, aux environs de Limoges. Les variétés de béryl les plus connues dans la joail-lerie sont : l'*aigue-marine,* le *béryl bleu,* le *béryl jaune-verdâtre,* le *béryl jaune* et le *béryl inco-lore.*

Le béryl aigue-marine est doué d'un éclat velouté très-agréable à l'œil; sa couleur est azurée et très-vive. Cette pierre, lorsqu'elle est pure, compte au nombre des gemmes les plus estimées; mais elle est rarement sans défaut, et elle a quelquefois de grandes taches complétement opaques. Ses dimensions sont très-variables. On en voit, au Muséum de Paris, des échantillons d'un volume considérable. L'aigue-ma-rine qui orna jadis la tiare du pape Jules II a figuré pendant plusieurs années dans cette collection. La Bibliothèque impériale en possède aussi une très-grosse, sur laquelle est gravé le portrait de Julie, fille de Titus.

Le béryl bleu se rapproche du saphir, auquel il est cependant inférieur.

Le béryl jaune-verdâtre est quelquefois désigné sous le nom de *chrysolithe*, qu'on donne aussi à plusieurs autres gemmes, notamment au péridot et à une variété de cymophane.

Le béryl jaune (*émeraude miellée* ou *fausse topaze*) est assez estimé lorsque sa couleur est franche et nette.

Le béryl incolore est assez rare. On le confond avec la topaze blanche. Il n'est pas rare de le trouver avec une légère teinte azurée, qui ne nuit pas à sa beauté. Ses cristaux sont, en général, allongés et d'un petit diamètre.

L'émeraude verte et le béryl sont souvent accompagnés d'une sorte de gangue vitreuse d'un vert louche, quelquefois opaque, et diversement nuancé. Cette espèce, connue sous le nom de *prime-émeraude*, est de peu de valeur. On l'utilise néanmoins comme pierre à graver.

X-XIV

Le carbone et les charbons. — Le graphite. — Le jais.

Pour le chimiste, les corps sont réputés minéraux
tant qu'ils n'entrent pas comme principes constituants
immédiats dans un être organisé, animal ou végétal.
A ce compte, tous les corps simples, métalloïdes et
métaux, sont minéraux, ou, ce qui est équivalent,
inorganiques. Mais les êtres organisés empruntent
nécessairement leur substance à la nature inorga-
nique, et ils ne prennent pas au hasard n'importe
quelle matière. Un petit nombre de corps simples,
primitivement minéraux, semblent avoir seuls le
privilége de pouvoir constituer des corps vivants ;
tels sont : l'hydrogène, l'oxygène, l'azote (trois corps
simples gazeux) et le *carbone*. Les autres corps simples
organisables, — soufre, phosphore, calcium, potassium, sodium, fer, — n'entrent jamais que pour une
très-faible proportion dans les substances végétales ou
animales, et c'est le carbone qui est, par excellence,
l'élément solide de ces substances. Tout le monde le
connaît à l'état de *charbon ;* tout le monde sait qu'en
chauffant fortement du bois ou de la chair muscu-
laire, on en sépare, sous forme de vapeurs, les principes fluides et volatils, et l'on obtient comme résidu
une matière noire, qui est du charbon. Le charbon

est essentiellement formé de carbone. D'où l'on voit que le carbone existe en quantités énormes dans la nature vivante. En revanche, il existe à peine dans le monde minéral.

Mais, dira-t-on peut-être, la houille, le lignite, l'anthracite, le graphite ne sont autre chose que du charbon, ou du carbone mêlé de quelques matières étrangères; on les trouve dans les profondeurs du sol en amas, en couches nombreuses et puissantes; il n'est donc pas vrai de dire que le carbone fait défaut dans le règne minéral.

Entendons-nous : la science a démontré que la houille, l'anthracite et le graphite même, malgré leur aspect presque métallique, ne sont que des substances végétales fossiles, dont la formation est le résultat d'une sorte de métamorphisme subi par les immenses tourbières qui occupaient, durant la période géologique dite période carbonifère, d'immenses étendues. Ces tourbières ont été recouvertes, encore humides, par des couches de formation antérieure, qui se sont accumulées par-dessus, en même temps que le foyer intérieur des roches encore fondues et incandescentes leur communiquait une chaleur intense; elles ont donc été à la fois surchauffées et comprimées; elles ont été, si l'on peut ainsi dire, « cuites à l'étouffée ». Puis elles se sont lentement refroidies; et il en est qui ont pu cristalliser confusément, reprendre à peu près les caractères distinctifs des minéraux : ce sont, notamment, l'anthracite et le graphite; tandis que

d'autres amas conservaient plus ou moins la composition, les propriétés, et parfois les formes et la
couleur des végétaux auxquels ils devaient leur
origine (houilles grasses et maigres, et lignites). En
somme, le seul carbone vraiment minéral, c'est le
carbone pur et cristallisé, le *diamant,* et l'on sait que
ce n'est pas à cette espèce de carbone qu'on peut appliquer le proverbe : « Commun comme les pierres. »

Chimiquement parlant, le carbone, abstraction
faite de la forme sous laquelle il se présente, est
un corps simple, non métallique, solide à toutes les
températures connues, insoluble dans tous les liquides, mais susceptible de se combiner avec l'oxygène, l'hydrogène, le soufre, le fer. Il est surtout
remarquable par son affinité pour l'oxygène, auquel
il s'unit avec dégagement de chaleur et de lumière,
sous l'influence d'une température élevée. C'est le
phénomène de combustion auquel nous assistons
chaque jour, et dont nous tirons si heureusement
parti pour nous chauffer et nous éclairer. Les produits de cette combustion (acide carbonique et oxyde
de carbone) sont toujours gazeux; ce qui suffirait
pour distinguer nettement le carbone du silicium
et du bore, avec lesquels il a d'ailleurs, ainsi que
nous l'avons vu précédemment, plus d'une analogie. Ces produits sont toujours les mêmes, quel
que soit l'état ou l'espèce du carbone brûlé; mais
il s'en faut de beaucoup que toutes ces espèces soient
également combustibles. Les charbons provenant des

végétaux (charbons de bois) sont ceux qui brûlent avec le plus de facilité. Parmi les charbons fossiles., les houilles grasses, c'est-à-dire riches en matières bitumineuses, brûlent plus aisément que les houilles maigres, et celles-ci, plus aisément que le coke (résidu de la distillation des houilles dans les cornues à gaz d'éclairage).

L'anthracite ne brûle que dans les grands fourneaux disposés pour un puissant tirage, et encore faut-il qu'il soit mélangé avec de la houille ou du coke. Le graphite se montre encore plus réfractaire. Enfin le diamant exige, pour sa combinaison avec l'oxygène, l'intervention des plus hautes températures que nous sachions produire : celle d'un grand miroir ardent ou d'une forte lentille, ou celle du chalumeau à gaz oxy-hydrogène, ou enfin celle du circuit voltaïque.

Il n'entre pas dans notre plan de passer en revue les différentes espèces de carbone ou de charbon que nous offre la nature. L'étude du charbon de bois, du noir de fumée, du noir animal, sont évidemment en dehors du cadre de cet ouvrage. L'histoire géologique et industrielle des combustibles fossiles ne s'y rattacherait qu'indirectement, et nous entraînerait bien au delà des limites que nous nous sommes tracées. Qu'il nous suffise donc de consacrer quelques lignes aux deux formes les plus minérales, si l'on peut ainsi dire, du corps dont il s'agit, c'est-à-dire au graphite et au diamant, et à une troisième espèce, le *jais,* que son emploi dans la bijouterie ne nous permet guère de passer sous silence.

Le *graphite* est vulgairement connu sous les noms de *plombagine* et de *mine de plomb,* qui sont tous deux fort impropres ; car non-seulement le graphite n'est pas un minerai de plomb, mais il ne contient pas un atome de ce métal, auquel il ne ressemble que par la propriété de laisser sur le papier, sur les doigts et sur les autres corps où on le frotte, des traces ou des taches d'un gris miroitant, plus ou moins foncé. Ces taches s'enlèvent aisément avec la mie de pain et avec le caoutchouc. Le graphite est, en réalité, du carbone à peu près pur. « On l'avait d'abord regardé, dit M. Ch. Flandin, comme un carbure de fer dans le genre de l'acier ; mais on a rencontré des graphites absolument dépourvus de fer, et l'on a aussi reconnu que ce métal ne faisait point partie intégrante de la matière carbonée, et qu'il ne s'y trouvait mêlé qu'accidentellement. Les matières que l'analyse chimique a signalées comme unies invariablement au carbone dans le graphite, sont : l'oxygène, l'hydrogène et l'azote, avec les éléments qui constituent les cendres (silice, chaux, soude et potasse), composition impliquant que l'anthracite et le graphite proviennent de végétaux carbonisés ou calcinés dans des conditions spéciales, absolument comme la houille et les différentes espèces de charbons dits minéraux, ou charbons de terre [1]. »

---

[1] *Principes et Philosophie de la chimie moderne.*

Le graphite est d'un gris noir, avec un certain éclat métallique. Il n'est ni ductile ni malléable, mais, au contraire, tendre, cassant, pulvérulent, onctueux au toucher, facile à réduire en poudre presque impalpable, à couper, à tailler avec le couteau ou la scie. Il brûle au chalumeau et dans le gaz oxygène, et se transforme en acide carbonique en laissant un très-faible résidu. Sa densité varie de 2,00 à 2,50.

Le graphite est un produit naturel assez abondant. Il constitue des gisements d'une certaine étendue dans les schistes cristallins et les calcaires saccharoïdes, et se confond quelquefois insensiblement avec la matière de ces roches, auxquelles il communique alors sa couleur et la propriété de tacher. Il se présente quelquefois sous la forme de lames hexagonales et offre des rudiments de cristallisation dihexaédrique ; mais le plus souvent il est en lamelles disséminées, ou en masses écailleuses ou compactes.

Le meilleur graphite est celui dés mines de Borrowdale, dans le Cumberland, qui sont malheureusement presque épuisées aujourd'hui. Tout le produit de ces mines était naguère envoyé à Londres, et vendu sur un marché qui se tenait une fois par mois dans Essex-Street. On trouve aussi du graphite aux environs de Randa, de Grenade et de Malaga, en Espagne ; mais il est dur et difficile à broyer. Celui de Bohême et de Bavière est de meilleure qualité et se rapproche du graphite de Borrowdale. On trouve encore le graphite en France, aux environs de Rodez (Aveyron). Il en

vient aussi du Mexique, de Ceylan et du cap de Bonne-
Espérance.

Enfin un Français, M. J.-P. Alibert, a découvert,
il y a peu d'années, en Sibérie, un gisement considérable de graphite de très-belle qualité, qui lui a
été concédé par le gouvernement russe, et dont l'exploitation intelligente est venue fort à propos combler,
sur le marché, le vide laissé par l'épuisement des mines
de Borrowdale. Cette nouvelle mine, dont les beaux
produits ont paru pour la première fois à l'exposition
universelle de 1862, à Londres, est située dans un lieu
appelé Marinski, au sommet du rocher nu de Batongal,
un des éperons des monts Saïans, à 400 verstes d'Ir-
koutsk (Sibérie orientale). « Pour donner une idée
d'une exploitation industrielle de cette nature, dit
M. Dumas [1], il me suffira de dire que le gisement de
graphite dont il s'agit a été attaqué sur une étendue
considérable, et qu'il paraît formé de masses constituant une richesse destinée à une longue et profitable
production. On sait que les célèbres mines de Borrowdale, dans le Cumberland, aujourd'hui épuisées, et qui
ont pendant longtemps alimenté l'Europe, ont produit
annuellement deux millions et demi de bénéfice, et
presque un million encore dans les dernières années.
Il est permis, en voyant la puissance des masses, la
pureté et la belle nature des produits de la mine mise

---

[1] Rapport lu à la Société d'encouragement de l'industrie natio-
nale par M. Dumas, sénateur, secrétaire perpétuel de l'Académie
des sciences, le 30 mars 1864.

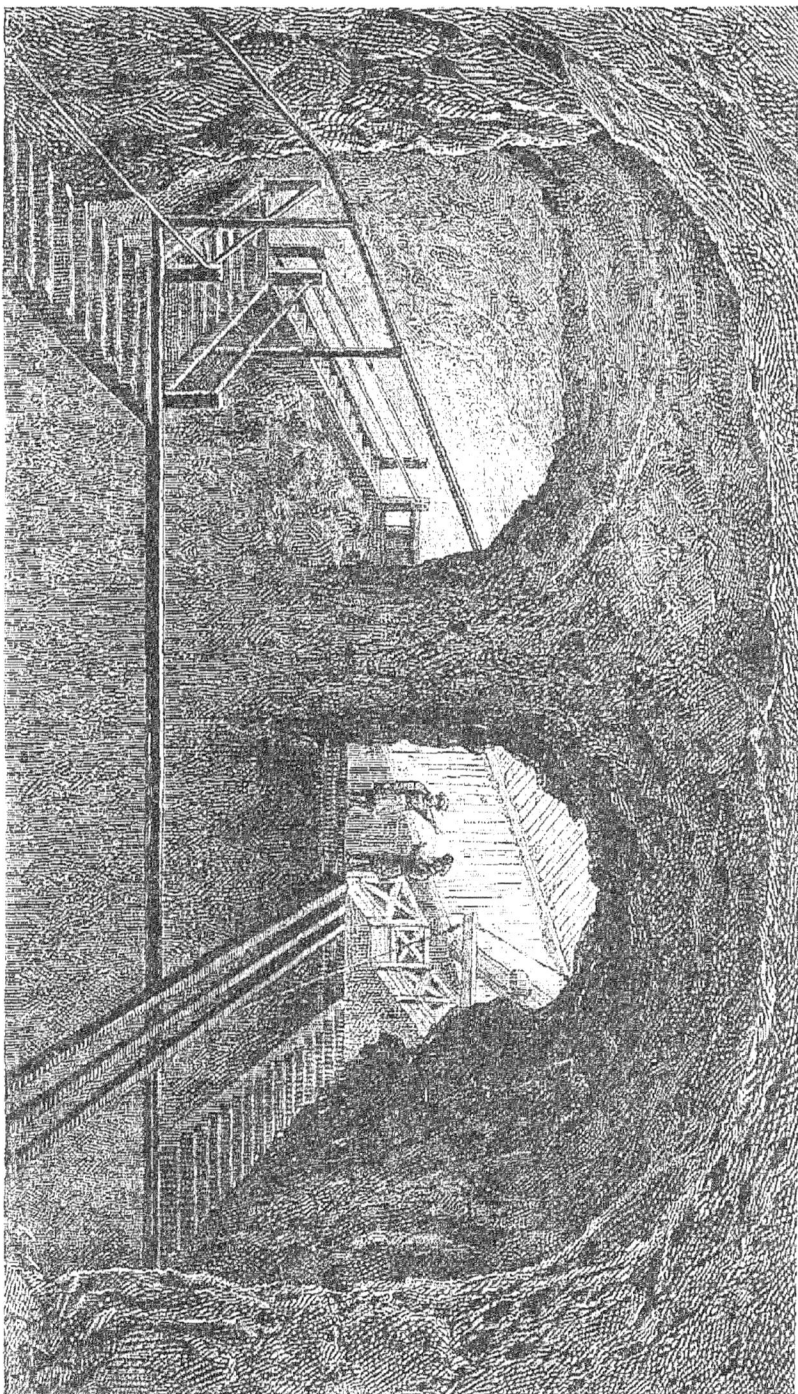

Vue de a galerie des Mariinski à Borte ...

en exploitation par M. Alibert, de croire qu'elle est destinée à prendre dans le commerce européen la place que la mine de Borrowdale y occupait. »

L'emploi principal du graphite consiste dans la fabrication des crayons ; mais on s'en sert encore pour lubréfier les rouages des machines, pour enduire et préserver de la rouille la tôle et la fonte, etc. On en fait aussi des creusets réfractaires pour fondre et couler le cuivre et le fer. Ces creusets, dont la matière est un mélange, en proportions variables, de graphite et d'argile, se fabriquent principalement en Bavière et en Angleterre.

Le *jais,* appelé aussi *jayet* et quelquefois *succin noir* ou *ambre noir,* est classé par les minéralogistes au nombre des lignites, qui sont eux-mêmes, comme nous l'avons dit, une espèce de houille. Le jais appartient à la variété dite *lignite compacte piciforme.* C'est, dit M. Simonin, un lignite parfait. Il ne forme pas de couches à lui seul, mais se trouve, en bancs interrompus, dans le lignite terreux ou fibreux, ou dans les gisements de lignite couverts par des terrains basaltiques. On l'a exploité dans diverses parties de l'Angleterre, de l'Allemagne et de la France. Dans ce dernier pays, on le travaille principalement à Sainte-Colombe-sur-l'Hers, département de l'Aude. C'est une substance dure, cassante, dont la couleur noire, pure et luisante est devenue proverbiale. Sa pesanteur spécifique est de 1,259 ; sa cassure est conchoïde. Le jais brûle sans couler et sans se boursoufler, en répandant une odeur àcre, quelquefois aromatique. Il est susceptible d'un beau poli : ce qui l'a fait longtemps rechercher pour la fabrication des bijoux de deuil. Mais il est aujourd'hui fort. délaissé pour le jais artificiel, qui n'est autre chose qu'une sorte de verre, ou plutôt d'émail, coloré en noir, avec lequel on obtient de très-jolis effets et qui, par la facilité qu'on trouve à le façonner, se prête à tous les caprices du goût et de la mode. La fabrication des bijoux en fonte, cette branche toute moderne de la bijouterie, qui est portée à un si haut degré de perfection, a aussi beaucoup contribué à restreindre l'emploi du jais. On en fait cependant encore des colliers, des bracelets, des broches, des pendants d'oreilles, des boutons pour vêtements de dames, etc. Pour ces objets de parure, dont on se plaît depuis quelque temps à exagérer les dimensions, le jais naturel est assurément préférable au jais artificiel ou émail noir, parce qu'il est moins froid à la peau et beaucoup plus léger. Il se rapproche, sous ce rapport, du *succin* ou *ambre jaune.* Une réaction en faveur du jais vrai s'est naturellement produite, vers 1860, lorsque les dames anglaises ont inauguré la mode des colliers à gros grains noirs, faisant plusieurs fois le tour du cou, et qui se portaient à la ville ou en soirée, même avec les plus riantes toilettes.

XXV

Le diamant de carbone. — Le bore et le diamant de bore.

Ce dut être un sujet de grand étonnement, et, pour plusieurs peut-être, de désenchantement, lorsqu'on apprit que le diamant n'est autre chose que du charbon. Ce furent les chimistes français Lavoisier et Guyton-Morveau qui établirent ce fait capital. Déjà l'on savait, depuis plusieurs années, que le diamant est combustible. Newton l'avait soupçonné le premier, en se fondant sur le grand pouvoir réfringent de cette substance, et sa supposition fut confirmée en 1684 par les physiciens de l'académie *del Cimento* de Florence, qui réussirent à brûler, au foyer d'un puissant miroir, un diamant de petite dimension. Le duc François de Lorraine répéta bientôt après cette expérience avec une légère variante, en brûlant un diamant à un violent feu de forge. Plus tard, des savants français reconnurent que le diamant résiste aux plus hautes températures, pourvu qu'on le tienne à l'abri de l'air. Mais tout cela ne faisait pas encore connaître la vraie nature du diamant; on ne put la déterminer qu'après que la découverte de l'oxygène, de l'hydrogène et de l'acide carbonique eut permis de se rendre un compte exact des phénomènes de combustion. Ce fut alors que Lavoisier et Guyton-Morveau, ayant brûlé un diamant

dans l'oxygène pur, constatèrent que le seul produit
de cette combustion était de l'acide carbonique, et que
la totalité du diamant était brûlée. Le diamant était
donc évidemment du carbone pur. Cette démonstration, déjà très-suffisante, a été confirmée de nos jours
par M. Jacquelain, qui, en soumettant dans le vide un
diamant à l'action du courant voltaïque, l'a converti
en charbon noir et spongieux, analogue au coke de
houille, qu'il a ensuite brûlé, dans l'oxygène pur, toujours au moyen de la pile. On répète, depuis, cette
expérience de temps à autre dans les cours de physique. Il va sans dire que les diamants ainsi sacrifiés
sur l'autel de la science sont de petits échantillons de
qualité inférieure.

Les cristaux de diamant sont tantôt des dodéca-
èdres rhomboïdaux, tantôt des octaèdres, tantôt des
polyèdres à 24 ou 40 facettes curvilignes ; enfin une
forme assez commune est celle que les cristallographes
appellent *hémitropique*, et qui résulte de la juxtaposi-
tion oblique de deux cristaux à 24 facettes. Mais on
trouve rarement ces cristaux avec leurs arêtes intactes
(on les nomme alors diamants *à pointes naïves*) ;
presque toujours ce sont des grains rugueux et diaphanes, assez semblables à de menus fragments de
quartz. C'est par la taille et par le polissage qu'on leur
donne, comme nous le verrons tout à l'heure, les
formes régulières et l'éclat éblouissant qui les rend si
précieux. La densité du diamant est de 3,50. Il est
ordinairement d'une blancheur parfaite ; quelquefois

cependant il est coloré en rose, en vert, en jaune ou même en noir. Il conduit très-mal le calorique et l'électricité. Exposé pendant le jour à la radiation solaire, il reste phosphorescent dans l'obscurité. Il résiste à tous les agents chimiques connus. Sa dureté est sans égale : il raye les corps les plus résistants, sans qu'aucun puisse l'entamer ; il ne se laisse user et polir que par sa propre poussière (*égrisée*), obtenue en frottant deux diamants bruts l'un contre l'autre. Tout le monde sait que les vitriers se servent de petits diamants pour couper le verre.

Comment la nature s'y est-elle prise pour cristalliser le carbone ? c'est ce qu'on ignore absolument, et tous les essais tentés jusqu'à ce jour dans le but d'obtenir artificiellement cette cristallisation sont demeurés infructueux. « On a proclamé plus d'une fois, dit M. Ch. Flandin, les résultats d'expériences qui semblaient avoir mis sur la voie de la découverte. Un physicien, membre de l'Académie des sciences, un savant illustre, par conséquent, s'est flatté qu'en brûlant du charbon avec une forte pile, il avait produit de la poudre de diamant ; mais cette poudre était tout simplement un produit d'agrégation ou de vitrification des principes qui, dans le charbon, constituent les cendres, c'est-à-dire un silicate de fer. L'illusion du savant a dû s'évanouir. Tel autre a cru avoir fait du diamant en surchargeant la fonte de charbon et en portant le mélange à une haute température ; tel autre, en faisant passer avec lenteur un courant d'électricité à travers le chlorure de carbone, etc. Mais ne comptons pas trop sur les grandes annonces. Celui qui fera du diamant, si jamais quelqu'un en fait, ne se pressera pas trop de publier sa découverte. » En attendant qu'on réalise ce prodige de la chimie et de la physique modernes, — prodige qui, nous devons le déclarer, n'a rien en soi d'irrationnel et de chimérique, — on doit se contenter de chercher la précieuse gemme dans les rares gisements où la nature l'a déposée, parmi les cailloux et le gravier. Ces gisements sont d'anciens lits de torrents desséchés. On n'en connaît qu'en Sibérie, dans l'Inde, à Bornéo et au Brésil. Ceux de Sibérie sont si pauvres, qu'ils ne valent pas la peine d'être mis en exploitation. Ceux de l'Inde, notamment ceux de Golconde, autrefois si célèbres, sont presque complétement épuisés et abandonnés. Restent donc les mines du Brésil, d'où vient aujourd'hui la plus grande partie des diamants que reçoit la joaillerie. Les premières furent découvertes au commencement du XVIIIe siècle. Les plus riches sont situées dans la province de Minas-Geraes. Plus récemment, on en a découvert de nouvelles à très-peu de distance de Bahia. Les plus riches sont aux embouchures des rivières Lequitinhonha, Arassuaky, Daces, etc. On emploie à l'exploitation de ces gisements des nègres esclaves soumis à une surveillance rigoureuse, et dont on encourage le zèle par des récompenses graduées. L'esclave qui trouve un diamant de 17 carats et demi est couronné de fleurs et conduit en triomphe chez l'inspecteur, où il reçoit,

avec son brevet d'homme libre, un habillement complet et l'autorisation de travailler désormais pour son
propre compte. Celui qui trouve un diamant de 8 à 10
carats a droit à un habit, un chapeau, deux chemises
neuves et un couteau. Pour les pierres plus petites, il y
a des primes moins belles, mais qui sont encore de
bonnes aubaines pour les pauvres esclaves. Le travail
est rude et ingrat. Il faut détourner le cours des
rivières, épuiser l'eau qui reste dans le lit, recueillir,
laver et trier avec un soin minutieux le sable diaman-
tifère (*cascalho*), et tout cela quelquefois sans résultat. « La récolte d'une année peut tenir dans le
creux de la main, » a dit un voyageur. En effet, les
gros cristaux ne se rencontrent que de loin en loin.
Les diamants pèsent souvent moins d'un carat ; ceux
de 15 à 20 passent déjà pour très-beaux. Au delà de
30 carats, ce sont des trouvailles rares. On cite comme
des merveilles et l'on paye des prix fous les pierres de
100 carats et plus. En outre, il s'en faut de beaucoup
que tous les diamants soient propres à la taille, limpides et, comme on dit, d'une belle *eau*. Il y a d'abord
les diamants noirs et amorphes, qu'on appelle *car-*
bones, ou, très-improprement, *carbonates* et *diamants*
carboniques; ceux-là sont presque sans valeur et ne
peuvent servir qu'à préparer la poudre à polir, l'*égrisée*.
Les diamants dits *cristallins*, bien qu'ils soient incolores et diaphanes, servent au même usage. Il n'y a que
les diamants *cristallisés* qui puissent être convertis en
joyaux.

L'art de tailler les diamants ne date que de la fin du xve siècle. Auparavant, on enchâssait ces pierres telles que la nature les offrait, en se contentant de les nettoyer le mieux possible. Ce fut, dit-on, un jeune gentilhomme de Bruges, nommé Louis de Berquem, qui, en frottant deux diamants l'un contre l'autre, remarqua qu'ils s'usaient et se polissaient réciproquement, et que les facettes artificielles ainsi formées acquéraient un éclat extraordinaire. Cette observation fut le point de départ d'une industrie depuis lors très-florissante, la taillerie ou *fabrique* de diamants, qui est presque exclusivement localisée dans la ville d'Amsterdam, mais qui s'était transportée, en 1867, à Paris, dans le parc de l'exposition universelle, où elle occupait un petit bâtiment spécial, toujours encombré de visiteurs.

La taille du diamant comprend trois opérations : le *clivage*, le *facétage* et le *polissage*. Cliver un diamant, c'est le fendre en deux morceaux au moyen d'un couteau d'acier, sur lequel on donne un coup sec avec un marteau. Cette première opération n'est pas toujours nécessaire. Elle n'a lieu que pour les diamants dont la forme trop irrégulière ne se prêterait pas convenablement à la taille.

Le facétage et le polissage s'exécutent sur des meules ou plates-formes en acier très-doux, enduites d'un mélange d'égrisée et d'huile. Le diamant qu'on veut user et polir sur la meule est fixé, avec de la soudure d'étain, dans une coquille en cuivre qu'on tient

Taillerie de diamants à l'exposition universelle de 1867.

à l'aide d'une tenaille en acier. Cette tenaille est elle-même chargée de poids qui pressent fortement la pierre contre la meule, à laquelle une machine à vapeur imprime un mouvement de rotation très-rapide. Le facétage donne au diamant des formes déterminées, qui reçoivent, dans le langage des lapidaires, les noms de *brillant simple-taille, brillant double-taille, demi-brillant, pendeloque, briolette, rose de Hollande, rose demi-Hollande, rose de Brabant, rose d'Anvers,* etc.

Le diamant perd toujours bien, à la taille, la moitié de son poids ; mais il en est de cette gemme comme des livres Sibyllins : plus on en a ôté, plus ce qui reste a de prix. Brut, le diamant *cristallisé* vaut de 80 à 100 fr. le carat. Taillé, il vaut 200, 250 et jusqu'à 300 fr. le carat, et alors sa valeur croît comme le carré des poids. « Si donc, dit M. L. Halphen, une pierre de 10 carats est de belle eau, de bonne forme et pure de tout défaut, elle vaudra cent fois une pierre de 1 carat dans les mêmes conditions, et comme celle-ci vaut aujourd'hui 250 fr., la pierre de 10 carats vaudra 25,000 fr. Une pierre de 3 carats vaudra neuf fois 250 fr. Une pierre de 6 carats vaudra trente-six fois 250 fr. [1]. »

J'emprunte au même auteur les renseignements qui suivent, relativement aux diamants célèbres, aux *parangons* de l'espèce.

---

[1] Art. *Diamant* du *Dictionnaire universel du commerce et de la navigation.*

« Les diamants les plus célèbres sont : celui de l'empereur de Russie, celui de l'empereur d'Autriche, le Régent, l'Étoile-du-Sud, le Kohi-Noor, le Sancy et le diamant bleu de Hope; Tavernier cite le diamant du Grand Mogol; mais il pourrait se faire que ce fût simplement une topaze blanche.

« Le diamant de l'empereur de Russie est de 195 carats; il a été acheté, en 1772, moyennant 2,500,000 francs et 100,000 francs de rente viagère. Il est de très-mauvaise forme; il est à tailler complétement, et perdrait une notable partie de son poids pour devenir un beau brillant.

« Le Régent, qui appartient à la couronne de France, pesait, avant d'être taillé, 410 carats. Il en pèse aujourd'hui 136 $\frac{14}{16}$. C'est un brillant parfait, de forme carrée et de belle eau, mais dont la table est un peu trop petite et inclinée à angle trop obtus sur le feuilletis ou couronne, ce qui nuit à son jeu. Il a été estimé 12 millions, et quelquefois aussi 6 millions de francs.

Le diamant d'Autriche, connu aussi sous le nom de Grand-Duc de Toscane, pèse 139 carats $\frac{1}{4}$; il n'est pas taillé en brillant; il est de couleur jaune citron.

« L'Étoile-du-Sud, le seul gros diamant trouvé jusqu'ici au Brésil, car les précédents viennent des Indes, pesait, avant la taille, 254 $\frac{1}{2}$ carats. Aujourd'hui, c'est un beau brillant de 125 carats $\frac{1}{4}$, de la plus belle eau, et qui, en lui appliquant la *règle des carrés*, vaut les $\frac{5}{6}$ du Régent, c'est-à-dire 10 millions, si le Régent en vaut 12, comme le portait l'inventaire de la couronne, et 5 millions, si le Régent n'en vaut que 6, comme le portait l'inventaire de la République. Il a été taillé à Amsterdam, dans la fabrique de M. Caster, où il a fallu le laisser plus de deux mois sur la meule[1].

« Le Kohi-Noor, qui appartient à la reine d'Angleterre, pesait, avant sa taille régulière, 180 carats. M. Caster, qui en a dirigé la taille, en a fait un brillant sans pareil comme étendue et comme grâce; il est du poids de 103 carats, et de la plus grande pureté.

« Le Régent a une étendue de 30 millimètres sur 31 ;

« L'Étoile du Sud, de 35 millimètres sur 29 ;

« Le Kohi-Noor, de 43 millimètres sur 40.

« Ce sont les trois plus belles pierres connues.

« Le Sancy, qui appartenait autrefois à la France, appartient aujourd'hui à la Russie. Il pèse 33 carats $\frac{12}{16}$. Il est taillé en double rose de Hollande; il est de fort belle eau; on l'estime 1 million de francs, mais à tort.

« Le diamant bleu de Hope est remarquable par sa belle couleur bleue; il pèse 40 carats. »

J'ajouterai à ce qui précède quelques détails curieux relatifs au Sancy, celui de tous les diamants célèbres qui a eu l'existence la plus accidentée. C'est, je crois,

---

[1] Ce diamant appartenait naguère à M. L. Halphen lui-même. Nous ignorons si cet habile joaillier en a trouvé le placement.

le premier gros diamant qui ait été taillé en Hollande; il fut acheté par le duc de Bourgogne Charles le Téméraire, qui le portait à son casque à la bataille de Granson, et le perdit dans la déroute. Un Suisse trouva cette pierre dont il ne soupçonnait point la valeur, et la vendit pour trois livres à un curé, lequel la revendit au duc de Florence. Des mains de cet Italien, le diamant du duc de Bourgogne passa dans celles du roi de Portugal, don Antonio, qui, en 1589, le céda pour 700,000 francs à Nicolas Harlay de Sancy.

Ce Harlay de Sancy était trésorier de France sous les rois Henri III et Henri IV. Le Béarnais se trouvant dans une grande détresse d'argent après l'assassinat de Henri III, Sancy se chargea de mettre son diamant en gage chez des juifs de Metz. Mais, l'ayant laissé à Paris, Sancy renvoya son valet le chercher, en lui recommandant de prendre garde aux brigands qui infestaient les routes. « Ils m'arracheront plutôt la vie! » s'écria le brave serviteur.

Les craintes de son maître n'étaient que trop justifiées : le valet fut attaqué et assassiné dans la forêt de Dôle. Sancy fit rechercher son corps, et le diamant fut retrouvé dans les entrailles du pauvre domestique, qui, par un acte de dévouement héroïque, l'avait avalé pour le soustraire à la cupidité des bandits. Le roi rentra plus tard en possession de ce diamant, qui a conservé le nom de Sancy, et qui a fait longtemps partie du mobilier de la couronne de France.

Le valet de Sancy assassiné dans la forêt de Dôle.

Ne fermons pas ce chapitre sans consacrer quelques lignes au *bore*, dont nous avons déjà signalé la frappante analogie avec le silicium et le carbone. Le bore est, ainsi que ces deux corps, un métalloïde solide et fixe. Il fut découvert simultanément, en Angleterre, par Humphry Davy, et en France, par Gay-Lussac et Thénard, qui l'isolèrent de sa combinaison avec l'oxygène (l'acide borique), produit artificiel provenant du *borax* ou *tincal*, sel tiré de certains étangs de l'Inde et de la Toscane. Le procédé consiste à chauffer dans un tube de verre, avec quelques charbons, un mélange d'acide borique anhydre et de sodium. Ce métal s'empare d'une partie de l'oxygène de l'acide borique, et se change en soude. La soude se combine avec l'acide non décomposé, et forme un sel, le borate de soude, qu'on dissout dans l'eau pour isoler le bore. Ainsi préparé, ce corps se présente sous la forme d'une poudre d'un brun verdâtre, plus pesante que l'eau, sans odeur ni saveur propre, ne fondant qu'entre les pôles d'une pile, mais brûlant au contact de l'air sous l'influence de la chaleur rouge. C'est le bore *amorphe*.

Plus récemment, MM. H. Sainte-Claire Deville et Wöhler ont obtenu le bore sous deux états comparables à ceux que prennent le carbone et le silicium : état *graphitoïde* et état *adamantin*.

Le bore graphitoïde est en paillettes hexagonales très-caractéristiques. On obtient le bore adamantin, ou diamant de borax, en chauffant fortement, dans

un creuset de charbon contenu dans un autre creuset de plombagine, un mélange d'acide borique préa-.
lablement fondu et concassé, d'aluminium et de poudre de charbon. Lorsque le creuset est refroidi, on le
brise pour en extraire le culot, qu'on lave dans une
dissolution sodique, et qu'on traite ensuite successivement par les acides chlorhydrique, fluorhydrique
et azotique.

« Ainsi isolé, dit M. Ch. Flandin, le bore, extrêmement brillant et qui a des reflets vifs, contient une
certaine proportion de charbon. On croit que, dans
ce mélange intime et d'une cristallisation si remarquable, le charbon se trouve à l'état de diamant. »

Le diamant de bore a presque la dureté, l'éclat et
le pouvoir réfringent du diamant de carbone. Ses
cristaux sont des octaèdres dont les arêtes affectent
quelquefois la courbure qu'on remarque dans certains diamants. Ils sont très-réfractaires, et leur densité est de 2,68. Je ne sache pas qu'on se soit avisé
jusqu'ici de tailler, de polir et de monter le diamant
de bore; mais je voudrais essayer, si j'étais tant soit
peu joaillier, et je suis fort tenté de croire qu'il pourrait y avoir là une source de succès et de fortune,
pour peu que la divinité du jour, la Mode, voulût
bien sourire à cette innovation.

XXVI

L'hématite. — La marcassite. — La malachite. — Les turquoises.

Il nous reste à parler de quelques minéraux qui ne rentrent dans aucune des familles dont nous venons de nous occuper. Ces minéraux ont une composition chimique particulière, où le fer et le cuivre jouent un rôle prépondérant. Ce sont, notamment, l'*hématite*, la *marcassite*, la *malachite* et la *turquoise*.

L'*hématite* (du grec αἷμα, *sang,* à cause de sa couleur rouge), souvent désignée aussi sous les noms de *sanguine* et de *pierre à brunir,* est une variété de fer oligiste ou hydroxydé. Elle est essentiellement formée d'oxyde de fer hydraté et d'argile. On la confond volontiers avec l'argile ocreuse appelée *sanguine,* avec le *calcothar,* l'émeri et d'autres matières ferrugineuses qui s'en rapprochent, en effet, par leur aspect, par leurs usages, et, jusqu'à un certain point, par leur composition.

L'hématite est rare en France et peu répandue dans le commerce. On en trouve cependant des gisements d'une certaine importance à Baigorry, dans les Pyrénées. Elle est en masses mamelonnées, à texture fibreuse et rayonnée. On en fait des crayons rouges et des pâtes de même couleur pour la peinture en décors et en bâtiments. Elle sert à polir les métaux.

Enfin l'hématite constitue, dans les localités où elle abonde, un minerai de fer très-riche, qu'on peut exploiter avec avantage.

On connaît sous le nom de *marcassite,* dans la joaillerie, le minerai de fer sulfuré que les minéralogistes appellent *pyrite cubique, pyrite jaune,* ou simplement *pyrite.* C'est un bisulfure de fer composé de 45,75 de métal et 54,25 de soufre. Sa cristallisation appartient au système cubique hémiédrique à faces parallèles, et sa forme fondamentale est un cube dont la symétrie est intermédiaire entre celle du cube ordinaire et celle du prisme rectangulaire ; sa couleur est tantôt le gris de fer, tantôt un jaune qui la fait ressembler au laiton, ou même à l'or. Cette dernière teinte, qui est très-fréquente, avait attiré autrefois l'attention des alchimistes, et leur avait fait concevoir l'espérance chimérique d'en retirer de l'or.

La marcassite est opaque, très-dure, inaltérable à l'air et susceptible d'un beau poli. Ces qualités lui assignèrent, à une époque assez reculée, un rang parmi les pierres susceptibles d'être utilisées pour la confection des objets de parure et d'ornement. On en faisait jadis des boutons, des boucles, des bracelets, des médaillons, des bagues, etc.

Les marcassites étaient passées de mode depuis longtemps, lorsqu'en 1846 il en arriva en France des quantités considérables. On eut alors l'idée de monter ces pierres, sur modèles, en bijoux de façon antique, et on leur rendit ainsi une vogue qui dura quelques années encore, mais qui aujourd'hui est de nouveau tombée : en sorte que la marcassite est peu estimée pour le moment; ce qui ne prouve pas qu'un jour ou l'autre quelque nouveau caprice du sort ne lui puisse rendre son ancienne valeur. Ce minéral est assez abondant. On le trouve principalement au Pérou, dont les anciens habitants le taillaient en larges plaques polies pour en faire des miroirs : d'où le nom de *miroir des Incas*, qu'on lui donne quelquefois.

C'est du Pérou que la bijouterie européenne tirait naguère la plus grande partie de ses marcassites. On trouve aussi ces pierres en Europe : dans la vallée d'Antigoria, près du lac Majeur; en Suisse et dans les montagnes du Jura. C'est à Genève et dans le département du Jura qu'on taillait et qu'on façonnait la plupart des marcassites, pour les expédier ensuite dans les autres pays, où l'on n'avait plus qu'à les monter. Elles sont généralement petites, et ne dépassent guère le volume d'une pierre de dix carats.

La *malachite*, ou *cuivre carbonaté vert*, est un minéral voisin, par sa composition, du cuivre carbonaté bleu, ou *azurite*, plus connu sous le nom de *bleu de montagne*. Elle est d'un beau vert plus ou moins foncé, ordinairement varié par des veines concentriques ou divergentes. Elle est opaque, fragile, à cassure testacée ou striée. Elle fond à une température élevée, se réduit au chalumeau, et perd, à la distillation, 8,21 de son poids d'eau. Sa densité est

9*

représentée par 3,66. Elle se dissout avec effervescence dans l'acide azotique.

La malachite se trouve, comme l'azurite, mais en plus grande abondance, dans les filons cuprifères et dans le grès rouge des terrains secondaires. Elle se tire principalement de la Hongrie, du Harz, de la Sibérie, de la Pensylvanie et du Chili. On en trouve aussi en France, aux environs de Lyon. Les mines de Goumechefski, près d'Ekaterinenbourg, en Sibérie, sont celles qui fournissent les plus belles malachites.

Cette pierre est quelquefois en cristaux aciculaires très-brillants, dérivant, selon Dufrénoy, du prisme rhomboïdal oblique; mais le plus souvent elle est en masses concrétionnées, mamelonnées et stalactiformes. Les cristaux cubiques, octaédriques et dodécaédriques qu'on rencontre dans les mêmes terrains ne sont autre chose que de l'azurite qui, au contact de l'air humide, s'est transformée partiellement en malachite. Les masses de malachite concrétionnée sont, en général, volumineuses. Les plus grosses sont relativement les plus estimées, pourvu qu'elles soient homogènes, exemptes de cavernes, sans mélange de matières terreuses et pierreuses. On montre à Saint-Pétersbourg un morceau de malachite qui forme une table de 0^m890 de long, sur 0^m473 de large, et 0^m056 d'épaisseur, estimée près de 30,000 francs. Caire dit avoir vu chez le comte Chéréméteff une autre table de 0^m812 de long, sur 0^m650 de large.

On voyait, au grand Trianon, sous le règne de
Napoléon Iᵉʳ, un magnifique dessus de table avec des
candélabres, le tout en malachite, présent de l'empereur de Russie. Macquart cite deux morceaux de malachite, provenant l'un et l'autre des mines de Goumechefski, et pesant l'un 12 kilogr. 500, l'autre 9
kilogrammes. Le cabinet de minéralogie du Muséum
d'histoire naturelle possède plusieurs beaux échantillons de cette matière, les uns bruts, les autres polis.

Coffret en malachite de Sibérie.

Enfin, aux diverses expositions internationales, et en
particulier à celle de 1867, on a pu admirer d'énormes
blocs de malachite. La Russie, notamment, et certains
États de l'Amérique du Nord en avaient envoyé qui
dépassaient de beaucoup par leurs dimensions ceux
que Macquart cite comme des merveilles.

La malachite ne se prête pas aisément à la gravure, à cause de son peu de dureté, et plus encore à
cause des nuances dont elle est veinée, et qui nui-

sent à l'effet des traits en relief, surtout pour les figures humaines. Aussi n'est-elle presque jamais façonnée en camées. On en fait, le plus souvent, des dessins de tables, des vases, des socles de pendules, des coffrets, des presse-papiers, des candélabres, des tabatières, des breloques, etc. Elle est aussi employée dans la bijouterie ; on la taille d'ordinaire en plaques légèrement *goutte de suif,* et l'on en fait des broches et des bracelets.

On distingue, en minéralogie et dans le commerce, trois variétés de malachite, savoir :

1° La malachite *fibreuse,* qui semble formée d'aiguilles fines et soyeuses, rayonnées, entrelacées ou parallèles. Cette variété est la plus estimée, à cause des élégants dessins de plumes, de panaches et d'étoiles qu'elle présente lorsqu'on la scie perpendiculairement à sa plus grande surface.

2° La malachite concrétionnée, qui est la plus répandue. Cette variété est formée de couches concentriques sinueuses, qui sont comme repliées ou enroulées sur elles-mêmes; elle est susceptible d'un très-beau poli.

3° Le *cuivre carbonaté terreux,* dont la nuance est affaiblie par le mélange de matières étrangères, et qui n'est pas aussi propre que les variétés précédentes à être travaillé et poli. Cette dernière espèce n'est même plus rangée parmi les malachites : elle est plus connue, dans le commerce, sous le nom de *vert de montagne.* La peinture en fait usage.

La *turquoise* est une pierre fine opaque, d'un bleu de ciel qui tire quelquefois un peu sur le vert, et qui est, dit-on, la couleur favorite des Turcs; d'où viendrait le nom donné à la gemme dont nous parlons. Il existe deux espèces bien distinctes de turquoise. L'une, dite turquoise *orientale* ou *de vieille roche*, ou, plus exactement, turquoise *pierreuse,* est d'origine exclusivement minérale; l'autre, appelée turquoise *occidentale* ou *de nouvelle roche,* ou mieux, *osseuse,* résulte d'une pétrification subie par des os fossiles dans des terrains où une partie de leur substance a été remplacée par l'émail bleu, qui constitue réellement la turquoise.

Les turquoises de la première espèce sont de beaucoup les plus estimées, parce que leur couleur est plus franche, plus égale et surtout plus inaltérable. Elles sont aussi plus dures, inattaquables par les acides et infusibles au chalumeau ordinaire. Au contraire, la turquoise de nouvelle roche est souvent d'une nuance douteuse, inégale, marquée de taches noires ou blanches et de stries ou veines comme celles qu'on remarque dans l'ivoire; elle est plus tendre, se dissout facilement dans les acides concentrés, et fond au chalumeau en répandant une odeur fétide de matière organique brûlée. Enfin sa couleur s'efface ou se dénature, au bout d'un certain temps, sous l'influence de l'air et de la lumière. On peut, il est vrai, la lui restituer en la plongeant dans une dissolution de sel de cuivre; mais ces turquoises, qu'on appelle alors *bai-*

gnées, n'ont pas plus de solidité qu'avant d'avoir subi cette préparation, et leur nuance ne tarde pas à s'altérer de nouveau.

La turquoise pierreuse est composée de phosphate d'alumine et d'oxyde de cuivre. Elle se trouve en petites veines ou en rognons dans les gerçures des montagnes peu élevées, dans l'Inde, la Perse, l'Arabie, la Turquie, la Hongrie et la Russie. La turquoise osseuse se montre dans les mêmes terrains et dans les mêmes pays, sous la forme des débris osseux qui lui ont donné naissance. La plupart des turquoises qui circulent aujourd'hui dans le commerce sont de provenance russe.

On taille les turquoises sur une roue en plomb, et on les polit sur une roue en bois, sèche ou humectée. La forme qu'on leur donne habituellement est celle de *goutte de suif* ronde ou ovale ; on ne les taille jamais en cabochons ni à facettes. La turquoise, — je parle de la turquoise orientale, — est une gemme fort estimée ; elle est complétement opaque, et ne saurait produire, par conséquent, les effets éblouissants que d'autres pierres doivent à leur transparence et à leurs propriétés optiques ; mais elle est d'un ton bleu très-agréable, et si l'on voulait chercher des analogies, on pourrait dire qu'elle plaît par sa douceur et sa modestie.

XXVII

Quelques considérations morales et économiques au sujét
des pierres précieuses. — Les pierres fausses.

Mais que parlons-nous de douceur et de modestie
lorsqu'il s'agit de pierres précieuses, c'est-à-dire de
matières premières dont le seul rôle est d'alimenter
une industrie et un commerce qui ne s'adressent
qu'aux sentiments les plus vains : à l'orgueil, à l'os-
tentation, à la prodigalité, à la coquetterie!... Les
gemmes sont sans doute des substances fort belles,
mais elles ne sont guère que cela. Leurs autres qualités, — dureté, inaltérabilité, — ne leur assigneraient
que des emplois très-restreints et une place très-
inférieure parmi les substances dont nous faisons
usage.

C'est à l'émulation de vanité, de faste, de ce que
la Bruyère, — c'est bien lui, je crois, — appelle *le
paraître*, qu'elles doivent une valeur vénale que
n'atteint aucune chose vraiment utile. Par un étrange
renversement de la logique sociale, par une anomalie
qui a fini par devenir une loi économique, ce que la
nature a produit de plus inutile, d'impropre à toute
application bienfaisante, est précisément ce que, grâce
aux *progrès de la civilisation*, nous avons élevé au
premier rang des valeurs, et que nous trouvons tout

simple de payer plus cher qu'on ne paya jamais les
plus belles et les plus fécondes créations des génies de
premier ordre! Quand on songe qu'un caillou brillant, comme le Régent ou le Kohi-Noor, qui ne sert
à rien qu'à chatoyer sur la couronne d'un potentat ou
sur le pommeau de son épée, représente à lui seul le
revenu de plusieurs familles aisées, le fruit du travail
de plusieurs générations d'honnêtes ouvriers; quand
on songe à ce que la trouvaille d'un pareil brimborion
a coûté de fatigues, de sueurs, de coups de fouet aux
pauvres esclaves que la cupidité des exploiteurs con-
damne au labeur abrutissant du broyage, du lavage
et du triage des roches gemmifères, on ne peut se dé-
fendre d'un sentiment d'indignation, et l'on est tenté
vraiment de renier ses semblables!

Qu'on me pardonne cette protestation peut-être
déplacée contre ce qui me paraît être une des plus
flagrantes aberrations de l'esprit humain. J'aurais dû
sans doute me borner à constater que cette aberration
a donné lieu, dans tous les temps et chez tous les
peuples, à un prodigieux développement de l'activité industrielle et commerciale.

« L'usage des pierres précieuses, dont les différents emplois occupent plus de deux millions d'ouvriers dans tous les pays du monde, indépendam-
ment des mineurs qui les découvrent et des nombreux intermédiaires qui spéculent dessus (sic), ne
saurait, dit M. Barbot dans son Traité des pierres
précieuses, être restreint sans causer une immense

perturbation dans les affaires, et ces jouissances du luxe, eu égard aux immenses capitaux qu'elles font circuler, et aux mains-d'œuvre qu'elles payent à des prix très-élevés relativement aux autres industries, ne méritent pas le dédain et le mépris avec lesquels on les traite. »

M. Barbot est joaillier, comme M. Josse est orfévre; il est donc naturel qu'il plaide la cause du genre de commerce qu'il a exercé; mais son argument n'est pas plus concluant que neuf, et il est bien permis de se demander si les millions de bras et les capitaux considérables qu'occupe la bijouterie ne trouveraient pas ailleurs un emploi tout aussi profitable pour eux et plus avantageux pour la société? Quoi qu'il en soit de sa légitimité morale et économique, le commerce des pierreries est aujourd'hui plus florissant que jamais. La mode est aux bijoux, aux ornements minéraux de toutes formes; les plus volumineux sont aujourd'hui ceux que l'on préfère. Et comme la manie du luxe est essentiellement contagieuse; comme chacun veut être riche ou le paraître; comme aucune femme ne consent à laisser croire que ses écrins sont moins bien garnis que ceux de ses égales; comme toute bourgeoise veut imiter les grandes dames, et toute plébéienne imiter les bourgeoises, la fabrication des parures de toute sorte a pris une marche rapidement ascendante.

Malheureusement, toutes les femmes ne peuvent pas se payer les ruineuses fantaisies dont les magasins de bijouterie vraie leur offrent l'appât séduisant ; beaucoup alors se rabattent sur les pierreries fausses, qui souvent, il faut le dire, imitent à s'y méprendre les gemmes orientales les plus authentiques.

Je dis pierreries fausses, et non pierres artificielles : c'est fort différent. Les gemmes qu'on réussirait à produire artificiellement seraient encore des gemmes vraies si elles avaient même composition, mêmes propriétés que leurs types naturels ; les pierres fausses n'ont de ces types que l'apparence, et c'est déjà beaucoup.

Un chimiste distingué, M. Ebelmen, a réussi, il y a peu d'années, non à imiter, mais à reproduire artificiellement plusieurs des substances les plus précieuses que nous offre le règne minéral. Ce n'est là, jusqu'à présent du moins, qu'une sorte de tour de force scientifique, les pierres obtenues par M. Ebelmen revenant à des prix aussi élevés que les pierres naturelles, et rencontrant d'ailleurs dans les pierres fausses une concurrence dont la bijouterie en *vrai* ne laisse pas d'éprouver elle-même les effets. Au moyen du *strass* blanc ou coloré, on est parvenu, je le répète, à imiter avec une perfection surprenante toutes les gemmes, depuis le diamant, la plus précieuse de toutes, jusqu'au péridot et aux autres pierres de troisième et de quatrième ordre.

On sait que le *strass* doit son nom à un joaillier allemand qui vivait au commencement de ce siècle, et qui, possédant quelques connaissances chimiques, s'avisa de modifier, afin de les appliquer à l'imitation des pierres précieuses, les procédés en usage pour la fabrication des cristaux. Déjà des essais avaient été faits antérieurement, en vue de l'imitation des diamants, dont on avait espéré approcher en recherchant et en taillant avec soin les plus beaux échantillons de cristal de roche, de saphir blanc, de jargon, de cailloux du Rhin, d'Alençon, de Bristol, etc. Mais personne n'avait songé à fabriquer industriellement du cristal assez blanc, assez limpide et assez brillant pour présenter aux yeux l'éclat incomparable et les jeux de lumière éblouissants qui caractérisent le diamant, le rubis, la topaze, le saphir et l'émeraude.

Depuis Strass, l'art dont nous parlons a fait, grâce aux travaux de Douhaut, Wiéland, Lançon père et fils, Bourguignon, Maréchal, Loysel, Bastenaire, Savary, Masback, Berthelot et d'autres encore, des progrès tels, que les pierres fausses dépassent souvent en beauté les pierres du plus grand prix, et qu'un œil même exercé peut se méprendre en comparant les unes avec les autres.

Le strass blanc, qui forme la base de toutes ces imitations, est un verre composé de silice, de potasse, de borax, d'arsenic et d'oxyde de plomb. Toutes ces matières premières doivent être d'une pureté parfaite, surtout lorsqu'il s'agit d'imiter le diamant. La silice alors entre dans le mélange sous forme de cristal de roche. Si l'on doit ajouter des substances colorantes, il n'y a pas d'inconvénient à remplacer le cristal de roche par du sable blanc. Le strass jaune (fausse topaze) s'obtient avec un mélange de strass très-blanc, de verre d'antimoine et de pourpre de Cassius; le strass bleu (faux saphir), en ajoutant au strass blanc en fusion de l'oxyde de cobalt; la fausse émeraude, au moyen des oxydes de cuivre et de chrome; la fausse améthyste, avec du pourpre de Cassius et des oxydes de cobalt et de manganèse.

La fabrication et la mise en œuvre des pierres fausses sont, en France, en Bohême, en Saxe, à Venise, l'objet d'une industrie très-développée. En France, la taille et le montage de ces pierres sont concentrés à Paris, et pratiqués par une trentaine au moins de joailliers, qui emploient ensemble plus de 300 ouvriers. Mais la fabrication même du strass s'opère plutôt dans les cristalleries; elle occupe même, à Sepmoncel, dans le Jura, des usines importantes et un personnel de 1,000 à 1,200 ouvriers.

LES MÉTAUX

Si le lecteur n'a pas oublié ce que nous avons dit dans notre *Introduction*, il sait déjà sommairement ce que c'est qu'un métal, et il est suffisamment préparé à l'étude des espèces, ou, si l'on peut ainsi dire, des individualités minérales dont se compose cette famille.

Nous n'éprouverons pas ici, au sujet de la classification à suivre, les embarras qui nous ont arrêtés un instant lorsqu'il s'agissait des pierres. Les métaux sont, on se le rappelle, des corps simples, — ou du moins réputés tels, — et nettement caractérisés. La science n'a fait, en ce qui les concerne, qu'expliquer et confirmer, sauf quelques rectifications, ce que la pratique ordinaire avait dès longtemps fait connaître.

On a constaté, en effet, dès la plus haute antiquité, que certains métaux étaient abondamment répandus dans la nature, mais, en revanche, facilement altérables par les agents extérieurs, tandis que d'autres, beaucoup plus rares, étaient aussi plus inaltérables et doués de qualités qui les faisaient rechercher de préférence pour les usages d'un ordre très-relevé. Les anciens alchimistes appelaient les premiers *métaux vils*. Nous les nommons plus justement métaux communs ou usuels.

Les seconds étaient dits métaux *nobles* ou précieux. Nous leur avons conservé cette dernière qualification, qui leur appartient légitimement. Les chimistes, d'accord cette fois avec le vulgaire, ont trouvé le fondement d'une classification logique des métaux dans leur plus ou moins de tendance à s'unir à l'oxygène et à maintenir leurs combinaisons avec ce gaz. Cela revenait, en définitive, à les classer d'après leur plus ou moins d'altérabilité et d'abondance; car, d'une part, l'oxygène est précisément l'agent essentiel et presque constant des altérations auxquelles les métaux sont sujets, et, d'autre part, les métaux les plus oxydables sont aussi ceux que la nature nous offre en plus grandes quantités et que nous pouvons nous procurer à meilleur compte. Les moins oxydables sont, au contraire, ceux dont la nature semble s'être montrée plus avare, et qu'elle ne nous livre qu'au prix de recherches plus longues et plus laborieuses.

Il faut noter toutefois que les extrêmes de la série

se touchent en ceci, que certains métaux, bien que répandus à profusion autour de nous, sont en réalité plus rares que les métaux les plus précieux; et cela à raison même de la puissante affinité qui les tient unis à d'autres corps, et notamment à l'oxygène, et qui ne permet de les séparer de leurs combinaisons, de les *isoler* qu'avec une extrême difficulté.

Nous avons eu précédemment l'occasion de mentionner quelques-uns de ces métaux; il n'entre point dans notre plan de nous y arrêter de nouveau, non plus que de faire l'histoire de plusieurs autres, qui ne présentent jusqu'ici qu'un intérêt purement spéculatif. Dans cette seconde partie de notre travail, comme dans la première, nous nous bornerons à considérer avec quelque attention les espèces dont les arts et l'industrie se sont emparés, et qui, à ce titre, ne peuvent manquer de nous intéresser.

Je crois néanmoins devoir donner avant tout la nomenclature et la classification complète des métaux, sauf à choisir ensuite ceux auxquels nous devrons consacrer une notice proportionnée à leur importance. Les noms de ces derniers seront imprimés en *italiques* dans le tableau qui va suivre.

Le nombre des métaux aujourd'hui connus est de 51. On les a distribués en 6 sections, d'après les caractères suivants : 1° leur plus ou moins d'affinité pour l'oxygène; 2° l'action que la chaleur exerce sur leurs oxydes pour les ramener à l'état métallique ou les *réduire,* comme on dit en chimie, — et le pouvoir qu'ils ont de décomposer l'eau à des températures plus ou moins élevées, pour s'unir à son oxygène[1].

La *première section* comprend les métaux qui s'oxydent à toutes les températures, dont les oxydes sont irréductibles par la chaleur seule, et qui décomposent l'eau à toutes les températures. Quelques-uns de ces métaux sont appelés métaux *alcalins*, parce que leurs oxydes sont des *bases alcalines*, c'est-à-dire solubles dans l'eau, et agissant d'une manière sensible sur les réactifs colorés. Les métaux de cette section sont :

Le *potassium*,	Le rubidium,	Le baryum,
Le *sodium*,	Le thallium,	Le strontium,
Le lithium,	L'indium,	Le *calcium*.
Le cæsium,		

Les métaux de la *deuxième section* (dont quelques-uns sont appelés métaux *terreux*, parce que leurs oxydes entrent pour une part considérable dans la composition des *terres*) s'oxydent à une température élevée, et décomposent l'eau à 50° et au-dessus. Leurs oxydes sont irréductibles par la chaleur seule. Ces métaux sont :

Le *magnesium*,	Le norium,	Le lanthane,
L'*aluminium*,	L'yttrium,	Le didyme,
Le glucinium,	Le thorium,	L'erbium,
Le zirconium,	Le cerium,	Le terbium,

Les métaux de la *troisième section* s'oxydent à la

---

[1] On sait que l'eau est le résultat de la combinaison des deux gaz oxygène et hydrogène, dans la proportion de 1 volume du premier et 2 volumes du second.

chaleur rouge ; ils ne décomposent l'eau qu'à des températures supérieures à 100°, à moins qu'on ne fasse intervenir des acides ; auquel cas ils la décomposent à la température ordinaire. Leurs oxydes sont irréductibles par la chaleur seule. Ces métaux sont :

Le *manganèse*,	Le *cobalt*,	Le vanadium,
Le *fer*,	Le *chrome*,	Le cadmium,
Le *nickel*,	Le *zinc*,	L'uranium.

La *quatrième section* renferme les métaux qui s'oxydent et décomposent la vapeur d'eau à la température rouge, et qui décomposent l'eau elle-même à la température ordinaire, non en présence des acides, mais en présence des alcalis, à l'égard desquels leurs oxydes jouent le rôle d'acides. Ces oxydes sont, comme ceux des sections précédentes, irréductibles par la chaleur seule. Les métaux qu'on a rangés dans la quatrième section sont :

Le tungstène,	Le *titane*,	Le niobium,
Le molybdène,	L'*étain*,	Le pelopium.
Le tantale,	L'*antimoine*,	

La *cinquième section* comprend des métaux qui se comportent à peu près comme les métaux de la quatrième section ; seulement ils ne décomposent l'eau ni en présence des bases, ni en présence des acides ; et quant à la vapeur d'eau, ils n'en absorbent l'oxygène qu'à une température extrêmement élevée. Ces métaux, au nombre de trois seulement, sont :

Le *cuivre*,	Le *plomb*,	Le *bismuth*.

Enfin, les métaux de la *sixième section* ne décomposent jamais l'eau ni sa vapeur; ils ne s'oxydent que sous l'influence des plus formidables températures, et leurs oxydes sont réductibles par la chaleur seule. Ces métaux sont :

Le *mercure*,	Le *platine*,	Le rhodium,
L'*argent*,	Le *palladium*,	L'iridium,
L'*or*,	L'osmium,	Le ruthenium.

I

Le potassium, le sodium, le calcium et leurs principaux composés.

Le *potassium*, le *sodium*, le *calcium* sont les types des métaux alcalins, ceux qui, en se combinant avec l'oxygène, donnent les bases les plus énergiques et les mieux caractérisées. Et telle est leur affinité pour ce gaz et pour les autres métalloïdes, comme le chlore, l'iode, le brôme, le soufre; telle est aussi l'affinité de leurs oxydes pour les acides, que, jusqu'à la fin du siècle dernier, on n'avait pû les dégager de leurs combinaisons naturelles. La théorie avait révélé leur existence; mais l'expérience ne l'avait pas rendue évidente.

L'illustre chimiste anglais sir Humphry Davy réussit le premier à les isoler, en les décomposant

au moyen d'une forte pile. On atteint aujourd'hui
ce résultat par des procédés non moins puissants,
plus économiques, et qui permettent d'agir sur de
plus grandes quantités de matière. On doit la découverte de ces procédés aux travaux de MM. Brum-
ser, Curandeau, Donny, Mareska, Bunsen, Ma-
thiessen, et surtout de M. Henri Sainte-Claire
Deville. Ce dernier obtient le potassium et le sodium à des prix relativement peu élevés, en décomposant les carbonates de potasse et de soude par le
charbon sous l'influence d'une très-haute température. Quant au calcium, on le prépare soit en décomposant son chlorure à l'aide de la pile, soit en
fondant, dans un tube de fer bien fermé, un mélange
d'iodure de calcium et d'iodure de sodium.

Les trois métaux qui nous occupent sont remarquables par leur faible densité, par leur aptitude à se
ramollir, à fondre, et même à se volatiliser à des températures peu élevées, et surtout par leur tendance
à absorber l'oxygène au contact de l'air et au contact
de l'eau.

Le potassium a une pesanteur spécifique représentée par la fraction décimale 0,865, celle de l'eau
étant prise pour unité. Il offre ce surprenant phénomène d'un métal qui, placé sur une cuvette d'eau,
surnage, s'enflamme spontanément, et brûle en projetant de vifs éclairs et en tournoyant incessamment
à la surface du liquide. Il se transforme ainsi en *potasse,* qui se dissout dans l'eau et lui communique

sa réaction alcaline. Le potassium est, après le mercure, le plus fusible de tous les métaux : il fond à
62°,5. Cependant il ne se volatilise qu'à la température rouge. Il est blanc et possède, lorsqu'il vient
d'être préparé, un certain éclat métallique, qu'il perd
aussitôt si on le laisse exposé au contact de l'air. On
ne peut le conserver qu'en l'enfermant dans des flacons remplis d'huile de naphte et hermétiquement
bouchés.

Le potassium est sans application directe dans les
arts; mais son protoxyde, la *potasse*, et les sels que
forme cette base en s'unissant à divers acides, jouent
dans l'industrie un rôle considérable. La potasse fait
partie des roches feldspathiques et des terres arables;
elle entre à l'état de sels dans la composition des
tissus des végétaux terrestres. On l'obtient par le les-
sivage de ces cendres, auxquelles elle communique
ses propriétés caustiques et détersives. En se combinant avec les graisses, elle donne les savons mous.
En médecine, on l'emploie, sous le nom de *pierre*
à cautère, pour cautériser et détruire les chairs
atones ou les productions morbides qui accompagnent certaines plaies et certaines affections chirur-
gicales. C'est en se combinant avec les acides gras
et les autres acides organiques, qu'elle agit si éner-
giquement sur les tissus de l'économie animale.

Parmi les sels de potasse les plus utiles, nous
citerons les carbonates, qui sont employés dans l'industrie pour la fabrication des savons, du cristal,

du bleu de Prusse, du salpêtre ; — l'azotate, qui n'est autre chose que le salpêtre ou sel de nitre, et qui entre, comme chacun sait, dans la composition de la poudre à tirer ; — le chlorate, dont on a essayé aussi de faire de la poudre, mais qui, abandonné comme trop dangereux à manier, a servi ensuite à la fabrication des allumettes phosphoriques et chimiques, et qui rend encore journellement aux chimistes de précieux services ; — l'hypochlorite enfin, dont la solution aqueuse constitue l'*eau de javelle*, si souvent employée par les blanchisseuses.

Le sodium ressemble beaucoup au potassium par ses propriétés, et il n'y a pas une analogie moins frappante entre les composés de ces deux métaux qu'entre les radicaux eux-mêmes. Le sodium a le même aspect que le potassium. Sa densité est un peu plus grande : 0,97 ; comme le potassium, il devient mou entre 15 et 20° ; mais il est incomparablement plus volatil, puisqu'il se vaporise à 90°. Il se ternit et s'oxyde rapidement au contact de l'air ; il décompose aussi l'eau à froid, mais sans dégager assez de chaleur pour que l'hydrogène mis en liberté s'enflamme, ainsi que cela a lieu dans l'expérience précédemment décrite ; à moins qu'on n'empêche le fragment de sodium de se déplacer sur le liquide. Dans ce cas, la chaleur s'accumulant sur un même point, l'hydrogène s'enflamme.

Le sodium a reçu depuis peu, grâce aux découvertes de M. Henri Sainte-Claire Deville, une application très-importante : il sert à l'extraction de l'aluminium. Le résultat de sa combustion est un protoxyde, la soude, qui est, comme la potasse, une base alcaline des plus énergiques. Elle sert à peu près aux mêmes usages, et entre dans la composition des savons durs. Les carbonates de soude diffèrent peu par leurs propriétés des carbonates de potasse, et reçoivent des applications analogues; toutefois ils s'en distinguent assez facilement, en ce que leurs cristaux perdent avec le temps leur eau de cristallisation, deviennent pulvérulents, *s'effleurissent*, comme on dit, au contact de l'air, tandis que les carbonates de potasse absorbent l'humidité atmosphérique, et tombent en *deliquium*.

Quant aux autres sels de soude, ils sont généralement inoffensifs, ou même bienfaisants, tandis que les sels de potasse sont tous plus ou moins vénéneux. Le plus important assurément de tous les composés du sodium est son chlorure, répandu dans la nature avec une si prodigieuse abondance, et dont tout le monde connaît et apprécie l'utilité. Ce chlorure n'est autre que le *sel marin* ou *sel de cuisine*.

L'azotate de soude peut remplacer l'azotate de potasse dans plusieurs de ses applications; le sulfate de soude est un purgatif très-usité. Les pharmaciens le désignent sous le nom de *sel de Glauber*. Le borate de soude, vulgairement appelé *borax* ou *tinkal*, est d'un emploi fréquent dans la métallurgie et dans la fabrication des verres et des émaux. Les chimistes

y ont recours pour leurs essais au chalumeau, à raison des colorations très-marquées qu'il prend en se
vitrifiant, lorsqu'il est mélangé à une proportion
même très-faible d'oxyde métallique.

Nous avons parlé, au chapitre premier de la première partie, du calcium, de la chaux et des sels
de chaux. Il serait superflu d'y revenir : d'autres
métaux plus importants sollicitent notre attention.

II

Le magnesium et la magnésie.

De tous les métaux de la deuxième section (métaux
terreux), le *magnesium* est celui qui se rapproche le
plus des métaux alcalins. Son oxyde, la magnésie,
qui, comme nous l'avons vu, se montre à l'état de
combinaison (principalement de silicate) dans plusieurs pierres, est lui-même ce que les anciens chimistes nommaient une *terre,* mais une terre voisine
des alcalis faibles et peu solubles, tels que la chaux.
Il n'a point la réaction vive et les propriétés caustiques de celle-ci; ingéré dans les voies digestives,
il agit comme un purgatif léger, et sature les acides
de l'estomac, — ce qui fait qu'on y a souvent recours
contre les *aigreurs;* — mais la magnésie est une base

bien caractérisée, et les sels qu'elle forme sont presque tous solubles, comme les sels de potasse et de soude. Tel est le sulfate de magnésie (sel d'Epsom ou de Sedlitz), si fréquemment employé en médecine.

Les autres combinaisons du magnesium ne sont pas non plus sans analogie avec celles du sodium et du potassium, et dans beaucoup de cas ce métal se comporte chimiquement à la façon des métaux de la première section. Sa densité est de 1,75; il entre en fusion à 500°; à une température un peu plus élevée, il se volatilise. Il est blanc comme l'argent; mais il se ternit rapidement. Il ne décompose l'eau qu'à 50°, et non pas avec l'énergie et le dégagement de chaleur qui accompagnent, dans les mêmes circonstances, l'oxydation des métaux alcalins. Enfin il brûle dans le chlore, dans l'oxygène pur et même dans l'air, lorsqu'il est en fils ou en lames assez minces. Il répand alors une lumière d'une vivacité et d'une blancheur extraordinaires, mais en même temps il dégage d'abondantes fumées blanches qui retombent en une neige très-divisée, et qui ne sont autre chose que de la magnésie.

La *lumière au magnesium* est devenue, depuis quelques années, une des expériences qui se répètent le plus souvent dans les cours de physique et de chimie, et toujours à la grande satisfaction, au grand éblouissement des spectateurs. On a construit pour cela de petites lampes mécaniques, qui dévident le fil métallique à mesure qu'il se brûle. Cette lumière peut d'ailleurs être utilisée pour les effets de théâtre, et elle permet d'obtenir de très-belles épreuves photographiques.

III

L'aluminium et le bronze d'aluminium.

Voici un métal dont la conquête fait le plus grand honneur à la chimie moderne. Il y a une vingtaine d'années, on en eût à peine trouvé quelques rares échantillons dans les laboratoires ou chez les fabricants de produits chimiques, et les professeurs ne jugeaient pas utile de le montrer dans leurs cours. Et qu'auraient-ils pu montrer? une pincée de poudre grisâtre à laquelle l'action du brunissoir faisait prendre un certain éclat métallique, qui décomposait l'eau à la température de l'ébullition, et prenait feu au contact de l'air lorsqu'on la chauffait au rouge. C'est un chimiste allemand, M. Wöhler, qui, en 1827, avait réussi à l'extraire du chlorure d'aluminium, en décomposant ce corps par le sodium. Il avait reconnu au nouveau métal, outre les propriétés que je viens de dire, et qui l'ont fait classer dans la deuxième section, celle de se dissoudre à froid dans les liqueurs alcalines concentrées, dans l'acide chlorhydrique et dans les autres acides énergiques étendus d'eau. Mais ces propriétés ne sont pas tout à fait celles que l'aluminium a manifestées, lorsqu'au lieu de se trouver à l'état d'extrème division et de pureté très-imparfaite où l'avait obtenu M. Wöhler, il a pu être recueilli en masses plus volumineuses, en lames, en barres, en lingots. Sous cette forme vraiment métallique, il a paru devoir se placer, par ses caractères chimiques, entre les métaux *vils*, ou plutôt usuels, tels que le cuivre ou le plomb, et les métaux *nobles* : mercure, argent, etc., et quelques chimistes ont cru devoir le faire passer de la seconde section dans la cinquième. C'est à M. Henri Sainte-Claire Deville que l'aluminium est redevable de ce soudain et rapide avancement, ainsi que de l'importance industrielle qui en a été la conséquence, et qui s'est depuis promptement accrue.

Le procédé primitivement employé par M. Henri Sainte-Claire Deville différait peu, en principe, de celui de M. Wöhler ; mais il réalisait déjà un immense avantage, par la fabrication très-économique du sodium nécessaire à l'opération. Ce procédé a été notablement modifié depuis, et rendu encore plus économique par MM. Deville et Morin et par le docteur Percy, de Londres. M. Deville opère sur une argile particulière, nommée *bauxite,* qui paraît être formée d'aluminium pur et d'oxyde de fer, et qui se trouve en assez grandes quantités dans le midi de la France. M. Percy emploie une substance analogue, le cryo-

lite, qui est un fluorure double d'aluminium et de
sodium, et que l'on tire du Groënland.

L'aluminium métallique, tel qu'on l'extrait de ces
matières, ne montre plus qu'une très-médiocre tendance à se combiner avec l'oxygène. L'eau bouillante
ne l'oxyde point. Il est inaltérable à l'air, alors même
que ce dernier est chargé de vapeurs sulfureuses; il
résiste à froid à tous les acides, hormis l'acide chlorhydrique. Mais les solutions alcalines et l'eau salée
l'attaquent aisément, et il se détruit en peu de temps
au contact de l'eau de mer. La couleur de l'aluminium
tient le milieu entre le gris de l'étain et la blancheur
de l'argent. Sa cassure est mate et presque blanche.
Sa densité normale est de 2,56, et peut atteindre
2,67 par le martelage; sa ténacité est à peu près le
tiers de celle du fer; sa sonorité est vraiment extraordinaire : deux barres plates d'aluminium, d'environ 50 centimètres de longueur sur 6 de largeur et
1 d'épaisseur, suspendues à un cordon et choquées
l'une contre l'autre, font entendre un son semblable
à celui d'une grosse cloche. L'aluminium se moule
parfaitement. Son point de fusion est compris entre
celui de l'argent et celui de l'étain. Il peut se forger à
froid; mais ce travail se fait mieux à une température
un peu inférieure à celle du rouge sombre. On peut
alors l'étirer, le refouler, le percer, mais non le souder comme le fer. Sa ténacité, comme sa densité,
augmente par le martelage.

On voit que l'aluminium jouit de propriétés qui le

rendraient d'un usage très-avantageux dans un grand
nombre d'applications. Dès le principe, la bijouterie
et l'orfévrerie s'en sont emparées; les dentistes l'emploient pour la confection des pivots et des montures
de dents et de râteliers artificiels. On en tire aussi
parti actuellement avec succès pour la fabrication de
certains instruments de physique et d'optique, que
sa légèreté rend commodes et maniables. Malheureusement son prix de revient est encore très-élevé, bien
qu'il ait baissé d'un tiers depuis l'origine. En 1856,
l'aluminium coûtait 300 fr. le kilogr.; actuellement
il ne vaut plus que 200 fr., comme l'argent. A la
vérité, la pesanteur spécifique de l'argent étant à peu
près quadruple de celle de l'aluminium, un kilogramme de ce dernier métal est aussi quatre fois plus
volumineux qu'un kilogramme du premier; ce qui,
en fait, réduit le prix de l'aluminium au quart du
prix de l'argent.

L'aluminium ne s'amalgame pas; mais il s'unit,
par voie de fusion, à quelques métaux autres que le
mercure, notamment au cuivre, avec lequel il constitue un alliage aujourd'hui bien connu sous le nom
de *bronze d'aluminium*. Ce bronze, tel qu'on le
fabrique dans l'usine de MM. Morin et Cie, est formé
de 10 p. d'aluminium et de 90 p. de cuivre. Sa couleur est à peu près celle de l'or. Sa densité est de 7,7,
c'est-à-dire un peu inférieure à celle du cuivre. Il se
fond et se moule bien. Toutefois le retrait considérable (2 cent, par mètre) qu'il éprouve en se refroi-

Fonderie de bronze d'aluminium de MM. Morin et Cie, à Nanterre (Seine).

dissant rend l'opération du moulage assez chanceuse. Il se forge parfaitement au rouge sombre. La trempe l'adoucit, le rend très-ductile et très-malléable.

Le bronze d'aluminium est très-dur et très-sonore; mais sa propriété caractéristique et la plus précieuse est sa ténacité. Simplement fondu, il supporte sans se rompre une charge de 60 kilogr. par millimètre carré; lorsqu'il a été étiré au marteau, la charge peut aller jusqu'à 85 kilogr. La ténacité de cet alliage est donc double de celle du fer ordinaire laminé, et celle du fil de bronze forgé égale à celle du fil d'acier.

Le bronze d'aluminium se travaille bien au tour, au burin et à la lime. Il prend par le poli un très-bel éclat. Aussi en fait-on des flambeaux, des couverts et divers objets d'ornement, qui n'ont pas besoin d'être dorés. On l'a essayé dans l'industrie des machines pour la construction des pièces à frottement, et sa résistance à l'usure a dépassé de beaucoup tout ce qu'on avait pu réaliser jusqu'alors avec les autres métaux. Son prix élevé est donc le seul obstacle qui s'oppose à ce qu'il soit adopté par les constructeurs, de préférence à tout autre métal simple ou composé.

En effet, tandis que le bronze d'étain ne vaut que 3 fr. le kilogr., le bronze d'aluminium ne peut encore être vendu moins de 12 francs. Cependant on peut l'employer avec avantage pour doubler les coussinets, en faisant ceux-ci soit en bronze ordinaire, soit même en fonte de fer. Grâce à l'extrême dureté du nouvel alliage, la dépense une fois faite pour ce mode de doublage est bien compensée par la longue durée des pièces, durée dont les expériences faites jusqu'à ce jour ne permettent pas encore d'assigner la limite.

IV

Le manganèse et son peroxyde. — Les manganates.

Le *manganèse* est un métal qui, par ses propriétés, se rapproche à la fois du fer et des métaux alcalins. En réduisant son oxyde par le charbon, on l'obtient à l'état métallique, mais combiné probablement avec une faible proportion de carbone. Il est alors d'un blanc grisâtre, cassant, assez dur pour rayer l'acier trempé. Il est moins fusible que le fer. Sa densité est 7,03. Son affinité pour l'oxygène est très-marquée. Il décompose l'eau avec lenteur à la température ordinaire, mais très-promptement à 100°; il s'oxyde aussi avec rapidité au contact de l'air, et ne se conserve intact que dans l'huile de naphte. Il ne peut donc, en tant que métal, recevoir aucune application.

Le manganèse se trouve dans la nature à l'état de sulfure, de carbonate, de phosphate, de silicate, et principalement d'oxydes. C'est aussi sous cette dernière forme qu'il occupe dans l'industrie et dans le commerce une place importante. Il est susceptible de six degrés d'oxygénation.

Il forme, en effet, un protoxyde ou oxyde manganeux, représenté par la formule Mn O (1 équiv. de manganèse et 1 équiv. d'oxygène); un oxyde manganoso-manganique, intermédiaire entre le protoxyde et le sesquioxyde; un sesquioxyde, $Mn^2 O^3$; un bioxyde ou peroxyde, $Mn O^2$; enfin des acides manganique, $Mn O^3$, et permanganique, $Mn^2 O^7$.

La seule de ces combinaisons qui mérite de nous occuper est le peroxyde ou bioxyde, qu'on a coutume de désigner sous le nom du métal lui-même, et qu'on appelle aussi, improprement, *magnésie noire* et *savon des verriers*. Ce minéral est assez répandu dans la nature pour se maintenir toujours à des prix peu élevés.

Il en existe des gisements considérables en Belgique et en Allemagne. Le meilleur vient du Harz, groupe montagneux situé entre les villes d'Erfurth, de Göttingue et de Brunswick. Le Piémont et l'Espagne en fournissent aussi d'assez estimé; il n'en vient plus que très-peu de la Grande-Bretagne. En France, les principales mines de manganèse se trouvent dans les départements du Cher, de Saône-et-Loire, de la Dordogne et des Hautes-Pyrénées.

Le peroxyde de manganèse se présente sous la forme de masses noires, quelquefois douées d'un faible éclat métallique et à texture cristalline, mais le plus souvent amorphes et friables, tachant les doigts en noir et donnant, lorsqu'on les pile dans un mortier, une poudre également noire. Outre qu'il est ordinairement mélangé d'une petite quantité de matières terreuses, il contient toujours d'autres oxydes avec lesquels il est chimiquement combiné, tels que de la baryte, de la silice, de l'oxyde de fer, et quelquefois de la chaux, de la potasse, de la magnésie, des oxydes de cuivre et de cobalt. Le plus pur et le plus estimé est, comme nous venons de le dire, celui qui provient d'Allemagne, et particulièrement du Harz. Ce manganèse est exempt de matières terreuses; l'analyse chimique n'y découvre que très-peu d'oxydes étrangers. Enfin, et c'est là un signe caractéristique de sa pureté, c'est celui qui, traité par une quantité donnée d'acide chlorhydrique, fournit le plus de chlore gazeux.

On voit que la qualité du peroxyde de manganèse s'apprécie d'après la quantité d'acide chlorhydrique qu'il décompose en cédant une partie de son oxygène à l'hydrogène de cet acide pour former de l'eau, et en mettant le chlore en liberté. Cet essai se pratique, d'après une méthode très-simple indiquée par Gay-Lussac, en mélangeant dans un matras des quantités déterminées de bioxyde de manganèse et d'acide chlorhydrique. Un tube abducteur conduit le chlore qui se dégage dans un vase où il est absorbé intégralement par un lait de chaux, ou par une solution de soude. On obtient ainsi un hypochlorite de chaux ou de soude, dont on évalue la richesse en chlore au moyen de la teinture d'indigo, que le chlore a la propriété de décolorer.

Le bioxyde de manganèse, chauffé au rouge dans une cornue de grès, se réduit à l'état de protoxyde en laissant dégager le surplus de son oxygène. On met souvent à profit dans les laboratoires cette propriété pour préparer le gaz oxygène. Le protoxyde de manganèse est aussi employé journellement pour produire le gaz chlore et les chlorures. On y a recours en mainte circonstance comme à un agent énergique d'oxydation. On fait encore usage de cet oxyde pour blanchir le verre fondu; d'où son nom de savon des verriers. Enfin il entre dans la fabrication des poteries de terre.

Les acides manganique et permanganique forment, en se combinant avec les bases, des sels (*manganates* et *permanganates*) dont quelques-uns offrent de l'intérêt. Tels sont notamment le *manganate de potasse* et le *manganate de soude*. Le premier se prépare en faisant fondre, dans un creuset chauffé au rouge, un mélange en proportions convenables de bioxyde de manganèse, de sel de nitre et de carbonate de potasse. On obtient ainsi une matière vitreuse très-déliquescente, de couleur verte, dont la solution aqueuse, d'abord de même couleur, passe, lorsqu'on l'étend davantage, au violet, puis au rouge.

Cette propriété, en apparence singulière, qui a fait donner au manganate de potasse le nom de *caméléon minéral*, et que les chimistes utilisent dans certains essais, s'explique aisément. Le manganate de potasse, en effet, décompose l'eau, en absorbe l'oxygène et se transforme d'abord partiellement, puis totalement en permanganate. C'est ce dernier sel qui est d'un rouge carminé. La teinte violette intermédiaire est due au mélange du manganate, non encore suroxydé, avec le permanganate déjà formé.

Le manganate de soude s'obtient par le même procédé que le manganate de potasse, en remplaçant dans le creuset les sels de potasse par les sels de soude correspondants : azotate et carbonate. Les manganates de soude et de potasse sont employés en chimie comme agents d'oxydation, de décoloration et de désinfection. La *liqueur de Condy*, récemment préconisée comme désinfectant, n'est qu'une solution de permanganate de potasse.

On a remarqué, à l'Exposition universelle de 1867 l'ingénieux procédé de MM. Tessier du Motay et Maréchal, pour fabriquer économiquement le gaz oxygène. L'agent essentiel de cette fabrication est le manganate de potasse. Lorsque ce sel, chauffé au rouge dans une cornue, a donné de son oxygène tout ce qu'il en peut donner, il reste dans la cornue un mélange de sesquioxyde de manganèse et de potasse. On soumet ce résidu, sous l'influence de la chaleur rouge, à l'action d'un courant d'air et de vapeur d'eau, qui régénère le manganate de potasse. Celui-ci, tour à tour détruit et reconstitué, peut fournir jusqu'à quatre-vingts opérations, et l'oxygène préparé de cette façon ne revient qu'à 25 centimes le mètre cube.

Or il serait long d'énumérer les services que l'oxygène à bon marché pourra rendre à l'industrie. Ce gaz, on ne l'ignore pas, est par excellence l'élément comburant, l'agent de la production des hautes températures. La métallurgie, surtout la métallurgie des métaux réfractaires, tirera donc de la découverte de M. Tessier du Motay un parti très-avantageux. La flamme du gaz oxy-hydrogène est susceptible aussi d'être appliquée à l'éclairage des rues, des places et des lieux publics. Projetée sur un cylindre de magnésie ou de chaux, elle donne une lumière comparable en éclat et en blancheur à celle du soleil (*lumière de Drummond*). Les Parisiens ont pu admirer pendant quelques semaines, sur la place de l'Hôtel-de-Ville, cette éblouissante lumière, qui éclipsait la lueur rougeâtre des vulgaires becs de gaz. Elle était produite par un mélange du gaz ordinaire et de l'oxygène obtenu par M. Tessier du Motay.

V

Le fer. — Les minerais de fer. — Les fontes. — Les aciers.

Le fer est une des principales richesses de l'homme, un des plus puissants et des plus indispensables éléments de la prospérité des peuples; sans lui pas d'industrie, pas de progrès matériel possible. On peut l'appeler le *métal du travail et de la civilisation;* car s'il nous fournit nos armes destructives, il est aussi la matière de tous les instruments de production, depuis la bêche, la pioche et la charrue primitives, jusqu'à la machine la plus délicate et la plus compliquée; depuis le marteau ou le ciseau de l'artisan jusqu'à la plume de l'écrivain. Des millions de bras sont occupés sans cesse, dans les mines, à extraire le fer; dans les usines, à le fondre, à le purifier, à le transformer; dans les ateliers, à le forger, à le façonner. Son importance commerciale est, par suite, incomparable.

Les ventes et achats ayant pour objet le fer, l'acier, la fonte, entrent pour une part énorme dans les transactions qui s'effectuent journellement sur toute la surface du globe. Des milliers de chariots en fer, traînés par des chevaux de fer sur des routes de fer, transportent incessamment les hommes et les marchandises d'un lieu à un autre. L'Océan est sillonné par des navires en fer; nos maisons, nos édifices publics ont maintenant des charpentes en fer. Parmi les innombrables objets dont nous faisons continuellement usage, il en est peu qui, s'ils ne sont en fer, ne contiennent pas, sous une forme ou sous une autre, quelque partie faite de ce métal; enfin, l'on peut dire que tout homme qui travaille, comme tout homme qui combat, tient à la main un morceau de fer.

La civilisation n'a pris son essor que lorsque les hommes ont connu le fer, et seulement parmi les peuples qui le connaissaient; et, eu égard à ce que la science nous enseigne avec certitude de la haute antiquité de notre espèce, on ne saurait douter que la connaissance et l'usage du fer ne soient une conquête relativement très-récente. Les archéologues divisent maintenant l'histoire des races aujourd'hui civilisées en trois âges : l'âge de la pierre, où les hommes ne possédaient, pour la confection de leurs armes et de leurs outils, d'autres matières que la pierre, le bois, les os d'animaux; — l'âge du bronze, où apparaissent le cuivre et l'étain; — enfin l'âge du fer, dont l'origine, pour les peuples de l'Europe et de l'Asie, ne paraît pas remonter à plus de 1400 ou 1500 ans avant l'ère chrétienne.

Sir John Lubbock, dans son livre *l'Homme avant l'histoire,* place l'origine de l'usage du fer à peu près à l'époque de la guerre de Troie. On est étonné, au premier abord, qu'un métal aussi commun n'ait été employé que bien après un alliage tel que le bronze, qui a pour nous beaucoup plus de valeur, et même après les métaux précieux, l'or et l'argent. La raison de ce fait est pourtant toute simple : les métaux précieux et difficilement altérables se rencontrent dans la nature à l'état natif. Le cuivre et l'étain se trouvent aussi en cet état, et leurs composés naturels sont d'un traitement facile. Au contraire, le fer est difficile à isoler; il exige, pour être séparé de ses minerais,

l'intervention d'une très-haute température et de .
substances réductives; sa métallurgie, en un mot,
suppose, sinon des connaissances chimiques raison-
nées, au moins la possession de procédés empiriques
que de longs tâtonnements ou un hasard heureux
pouvaient seuls faire découvrir. Mais ces procédés
une fois acquis, et les précieuses qualités du métal
reconnues, son emploi ne pouvait manquer de se ré-
pandre et de s'universaliser rapidement; car aucun
métal n'est doué à un degré comparable des propriétés
qui rendent le fer si parfaitement applicable à nos
besoins; aucun non plus n'existe autour de nous en
pareille profusion.

« Il n'est point de métal, dit M. le professeur
J. Girardin, dont les composés soient aussi variés et
aussi abondants dans le sein de la terre. Il existe,
pour ainsi dire, dans toute la nature, mais jamais à
l'état natif; même dans ces masses tombées de l'atmosphère, ces *météorites* dans lesquels on le croyait
à l'état pur, il est allié à d'autres métaux, principalement au nickel, au chrome et au cobalt.

« On ne compte pas moins de dix-huit espèces
minérales dont il est la base; les plus connues sont :
les oxydes, les sulfures, les carbonates, phosphates,
silicates, sulfates de fer. Mais le nombre des roches,
des minéraux, des pierres qui renferment ce métal
comme principe accessoire, est infini. C'est lui qui
sert, à proprement parler, de principe colorant au
règne minéral. On le trouve également dans presque

tous les organes des animaux, et il n'est pas de plante dont les cendres n'en contiennent des proportions sensibles.

« Les minerais de fer que l'on exploite pour l'extraction du métal sont peu nombreux toutefois. Ce sont principalement les oxydes et le carbonate.

« Le peroxyde ou sesquioxyde de fer (oxyde ferrique), $Fe^2 O^3$, se montre sous bien des formes. Tantôt il est cristallisé et pourvu de l'éclat métallique; c'est alors le fer *oligiste* ou fer *spéculaire,* qui forme des amas, des montagnes entières dans les terrains cristallins (Brésil, Suède, île d'Elbe, Framont dans les Vosges). Tantôt il est en masses amorphes et compactes, rouges et sans éclat; c'est l'*oxyde rouge de fer,* qui prend spécialement le nom d'*hématite rouge* quand il a une apparence fibreuse. Tantôt enfin, combiné à une certaine quantité d'eau, il est concrétionné ou en masses terreuses, presque toujours mélangées de sable, d'argile, de calcaire. Dans cet état, il a une couleur jaune-brunâtre plus ou moins foncée, et il forme les minerais appelés *fer limoneux, fer oolithique, hématite brune,* qui alimentent une grande partie des forges de France. Quand il est en boules creuses au centre et contenant un noyau mobile, il prend le nom de *pierre d'aigle* ou d'*aétite,* que les anciens portaient comme amulette, parce qu'ils leur attribuaient la vertu d'écarter les voleurs et de favoriser l'accouchement. Il est vrai qu'il fallait que ces boules eussent été trouvées dans le nid d'un aigle!

« Le *fer oxydulé* ou *oxyde de fer magnétique*
des minéralogistes, qu'on exploite avec avantage en
Suède, en Norwége, en Piémont, en Hongrie, dans
les monts Ourals et dans les monts Altaï, est un oxyde
intermédiaire; c'est-à-dire qu'il résulte de la combinaison du protoxyde et du peroxyde. Il est en cristaux ou en masses douées de l'éclat métallique; c'est
lui qui constitue l'*aimant naturel* [1]. »

Arrêtons-nous un instant sur ce curieux minéral.

On sait que l'aimant jouit de la singulière propriété d'attirer fortement le fer, et qu'il communique
cette propriété au métal lui-même par une série de
frictions ou par un contact prolongé. On obtient ainsi
des aimants artificiels, qui eux-mêmes, s'ils sont
assez fortement aimantés, peuvent servir à en former
d'autres. Un aimant, soit naturel, soit artificiel, a
toujours deux *pôles;* c'est-à-dire que si on lui donne
une forme et une position telles qu'il puisse pivoter
librement sur un point d'appui où il soit en équi-
libre, l'une de ses extrémités se tournera toujours
vers le nord, et l'autre vers le sud. L'aiguille de la
boussole n'est donc autre chose qu'un aimant artificiel.

L'aimant naturel, ou *pierre d'aimant,* se présente
sous l'aspect d'une pierre noire ou gris foncé, très-
lourde, très-dure, à cassure irrégulière. C'est cette
substance qui possède au plus haut degré les pro-

[1] *Leçons de Chimie élémentaire appliquée aux arts industriels,*
tome Ier, 25me leçon.

priétés magnétiques ; mais on les observe aussi, bien qu'à un degré inférieur et quelquefois à peine sensible, dans la plupart des substances qui renferment le fer, soit à l'état métallique, soit à l'état de protoxyde.

Barreau aimanté, avec limaille de fer adhérente aux deux pôles.

Le fer oligiste lui-même est magnétique. M. Girardin rappelle, dans une note, que le nom de *magnes* donné par les anciens à l'aimant, et d'où l'on a tiré l'expression française *magnétique,* qu'on ajoute comme qualificatif après certains mots (exemples : fluide magnétique, courant magnétique, force magnétique), serait tiré, au dire de Nicandre, du nom d'un pâtre crétois appelé Magnes, qui aurait fait la découverte de l'aimant en menant paître ses bœufs sur le mont Ida. Ce pâtre aurait remarqué, non sans surprise, on se l'imagine, que les clous de sa chaussure et le fer de sa houlette adhéraient fortement à la roche métallique sur laquelle il marchait.

Le savant chimiste signale un dernier minerai, le carbonate de fer (*sidérose* des minéralogistes), vulgairement appelé *fer spathique* et *mine d'acier,* et qui constitue des couches puissantes dans les terrains anciens, en Saxe, en Bohême, en Styrie, en Tyrol, en Dauphiné et dans les Pyrénées. Très-souvent il se trouve en masses compactes dans le terrain houiller, comme à Saint-Étienne, à Anzin et dans la plupart des mines d'Angleterre; ce qui est un grand avantage, puisque le minerai est ainsi placé à côté du combustible nécessaire à son exploitation. Le carbonate de fer prend alors le nom de *fer des houillères.*

En métallurgie, on distingue les minerais de fer exploitables en *mines terreuses* et *mines en roches.* Le premier terme s'applique aux hydrates de peroxyde de fer; le second, aux autres minerais. L'extraction est toujours une opération complexe et laborieuse, — une des plus laborieuses de la métallurgie, dit M. Girardin. Les mines en roches subissent d'abord une calcination au contact de l'air, qui fait passer l'oxyde ou le sel de fer à l'état de sesquioxyde. Quant aux mines terreuses, elles sont seulement lavées à la pelle, soit dans le courant d'eau, soit dans une caisse en bois ou en fonte, appelée *patouillet.* Le traitement varie ensuite selon la nature du minerai, et peut comporter plusieurs opérations successives, suivant qu'il s'agit d'obtenir de la *fonte,* de l'*acier* ou du *fer doux.* Quant au fer chimiquement pur, il ne se trouve pas dans le commerce : c'est un produit de laboratoire. On choisit comme matière première de sa préparation le fer fibreux, — celui dont on fait les fils de piano, — et qui est le moins impur. On roule ces fils en paquet, on les passe au feu pour les oxyder; on les introduit dans un creuset, garni intérieurement d'une pâte d'argile et de charbon pilé (creuset brasqué); on les recouvre de verre pilé; on enferme ce creuset dans un autre, et l'on introduit le tout dans un fourneau à réverbère aussi fortement chauffé que possible. A la fin de l'opération, tous les corps étrangers que contenait le fer ont été brûlés, et forment avec le verre pilé une scorie qui demeure à la partie supérieure du creuset, tandis que le métal, réduit par ses propres impuretés et par le charbon, s'est rassemblé au fond sous forme de *culot*.

On obtient encore du fer chimiquement pur en réduisant son oxyde ou son chlorure par l'hydrogène. Le fer ainsi réduit est en une poudre très-ténue, d'un gris noirâtre, qui absorbe les gaz avec une grande énergie et prend feu lorsqu'on la projette dans l'air. On l'emploie en médecine contre la chlorose et l'anémie.

Le fer pur préparé par le premier procédé est un métal gris-blanc, susceptible de prendre par le poli un éclat comparable à celui de l'argent. Il est presque aussi mou que le plomb et, comme celui-ci, flexible et dépourvu de toute élasticité; mais c'est le plus tenace de tous les métaux connus, puisqu'un fil de fer de deux millimètres de diamètre ne rompt que sous une charge de 250 kilogrammes. C'est aussi le plus ductile et le plus malléable. Sa densité spécifique varie de 7,7 à 7,9; chose singulière, elle diminue par l'effet du laminage. Il ne fond qu'aux plus hautes températures que l'on puisse produire avec les meilleurs fourneaux à vent; encore ne devient-il jamais tout à fait fluide; mais à la température du rouge blanc il se ramollit assez pour pouvoir prendre par le martelage toutes les formes qu'on veut, et pour se souder facilement avec lui-même. Il est très-magnétique à la température ordinaire; mais la chaleur blanche lui fait perdre cette propriété.

Sous le rapport chimique, le fer est très-altérable. Il se conserve intact à la température ordinaire dans l'air et même dans l'oxygène secs, et dans l'eau privée d'air; mais au contact de l'air humide et de l'eau aérée il se couvre promptement d'une couche d'hydrate de peroxyde de fer; c'est cet hydrate qu'on nomme vulgairement la *rouille*, et qui, avec le temps, finit par transformer entièrement des pièces de fer de grandes dimensions. Le fer s'oxyde aussi au feu; dans l'oxygène pur, au contact d'un corps en ignition, il s'enflamme et brûle en répandant une vive lumière.

On connaît quatre degrés d'oxydation du fer : le protoxyde, $Fe\ O$; le sesquioxyde, ou peroxyde, $Fe^2\ O^3$; l'oxyde magnétique, $Fe\ O + Fe^2\ O^3$; et l'acide ferrique, $Fe\ O^3$. Le protoxyde est une base énergique, capable de saturer les acides les plus forts, et qui, en se combinant avec quelques-uns de ces acides, soit minéraux, soit organiques, donne naissance à des sels susceptibles d'applications importantes. Tel est notamment le sulfate de protoxyde de fer, connu sous les noms de *couperose verte* et *vitriol vert;* tels sont encore l'acétate de fer, qui fournit le *bouillon noir* des teinturiers, et les tannate et gallate de fer, qui sont la matière colorante noire de l'encre à écrire.

Le fer se combine d'ailleurs avec plusieurs autres métalloïdes : chlore, carbone, silicium, arsenic, soufre, etc. Les plus intéressantes de ces combinaisons sont, sans contredit, celles qu'il forme avec le carbone et le silicium, et qui, sans lui faire perdre ses caractères métalliques, lui communiquent des propriétés spéciales dont l'industrie et les arts tirent le parti le plus avantageux. Ce sont, en effet, ces combinaisons qui constituent les diverses espèces de *fontes,* d'*aciers* et de fers du commerce.

La fonte est le premier produit du traitement des minerais de fer dans les hauts fourneaux ; c'est du fer contenant environ de 5 à 6 p. % de carbone, de silicium, de phosphore, et quelquefois de manganèse. Les aciers ne contiennent plus guère que 1 p. %, et le *fer doux,* de 0,05 à 0,04 de principes étrangers ; ce sont donc des fers amenés par le travail métallurgique à un degré de pureté plus grand, auquel correspondent aussi des propriétés nouvelles. La fabrication de ces divers produits occupe en Europe une immense industrie, dont les procédés tendent chaque jour à se modifier et à se perfectionner, principalement en ce qui concerne la préparation des aciers.

Nous avons dit plus haut que cette branche complexe de la métallurgie comprenait plusieurs opérations très-laborieuses, pouvant s'exécuter par diverses méthodes. Ces méthodes consistent toujours néanmoins : 1° à *réduire* les oxydes de fer naturels par le charbon, qui en absorbe l'oxygène, mais dont une partie, se combinant avec le métal, donne la *fonte;* 2° à transformer la fonte, par l'affinage, soit en acier, qui est moins carburé, soit en fer doux, qui est presque entièrement débarrassé de carbone, de silicium et de phosphore.

On connaît dans l'industrie plusieurs variétés de fonte, qui toutes peuvent se ramener à deux principales : la *fonte blanche* et la *fonte grise.* Ce qui surtout les différencie, « c'est, dit M. Girardin, l'état sous lequel s'y trouve le carbone. — Dans la *fonte blanche,* il est réparti uniformément dans toute la masse, et semble plutôt combiné que mélangé au fer. Dans la *fonte grise,* au contraire, la majeure partie du carbone est irrégulièrement distribuée, sous forme de petites paillettes semblables à celles du graphite. »

La première est très-dure, cassante, difficile à travailler; sa texture est lamelleuse, sa nuance d'un blanc argenté, avec l'éclat métallique. Sa densité varie de 7,44 à 7,84. Elle fond vers 1100 degrés, mais reste toujours à l'état pâteux. On l'appelle aussi *fonte à fer,* parce qu'elle est spécialement réservée pour la fabrication de l'acier et du fer doux.

La fonte grise, ou *fonte à moulage,* est celle que l'industrie met en œuvre pour la confection d'une multitude d'objets de toutes formes et de toutes dimensions, tels que pièces de charpentes et de machines, bornes, tuyaux de conduite, grilles, balustrades, colonnes à gaz, poêles, fourneaux, corbeilles de cheminée, garde-cendres, marmites et autres ustensiles de ménage, objets d'art, etc. Elle est d'un gris plus ou moins foncé, douce, grenue, susceptible d'être tournée et forée, moins cassante que la fonte blanche. Sa densité varie de 6,79 à 7,05. Elle n'entre en fusion qu'à 1200 degrés, mais elle devient tout à fait liquide, et c'est ce qui permet de la couler et de la mouler aisément.

On parvient, au moyen de la trempe et de la détrempe, à changer à volonté la fonte blanche en fonte grise, et réciproquement. Chacun sait que la trempe consiste à refroidir brusquement le métal fortement chauffé, en le plongeant dans l'eau froide, et que ce même métal se détrempe, lorsque, après l'avoir chauffé de nouveau, on l'abandonne à un refroidissement lent. Or, de même que la fonte blanche, fondue puis lentement refroidie, se métamorphose en fonte grise, de même la fonte grise, fondue aussi et brusquement refroidie, passe à l'état de fonte blanche. On suppose que, dans le premier cas, les molécules charbonneuses ont le temps de se réunir en cristaux graphitoïdes, tandis que le contraire a lieu dans le second cas.

L'*acier* est du fer combiné avec quelques millièmes seulement de carbone et de silicium. On l'obtient de diverses façons : 1° En traitant directement les minerais de fer très-riches par la méthode dite catalane, qui consiste à réduire simplement le sesquioxyde de fer par le charbon, ou en faisant subir à la fonte blanche un affinage incomplet, soit au contact de l'air, soit en présence de l'oxyde de fer : l'acier ainsi préparé s'appelle *acier naturel*. Il est principalement employé à la confection des instruments de culture, des outils de menuisier, des ressorts de voiture, des armes blanches ordinaires et de la coutellerie commune.

2° En chauffant fortement du fer en barres au milieu d'un *cément* formé de poudre de charbon, de suie, de cendres et de sel marin. On obtient ainsi l'*acier de cémentation,* ou *acier poule,* dont on fait des limes et divers articles de quincaillerie, et qu'on soude avec le fer pour *armer* les marteaux, les enclumes, les cisailles, etc.

3° En faisant fondre ensemble les deux espèces précédentes, on a l'*acier fondu,* ou *acier fin,* qui fut fabriqué primitivement en 1740, à Handsworth, près de Sheffield, par Benjamin Kuntsman. Cet acier est très-homogène; il prend un poli très-brillant, et acquiert par la trempe une dureté et une ténacité extrêmes. On en fait des burins et d'autres outils pour la gravure, de la coutellerie fine, des instruments de chirurgie, des ressorts de montre, des coins pour frapper les monnaies et les médailles.

L'industrie s'est encore enrichie, depuis quelques années, de nouveaux procédés pour la fabrication de l'acier, grâce aux travaux de plusieurs chimistes métallurgistes, parmi lesquels je citerai MM. H. Sainte-Claire Deville, Caron et Bessemer. Le procédé de M. Bessemer permet de convertir à volonté la fonte brute en fer à un degré quelconque d'aciération, ou bien en fer doux et malléable, et cela sans houille, ni coke, ni bois, ni tourbe, — sans combustible enfin. L'appareil et la manière d'opérer présentent cette simplicité qui caractérise toujours les grandes découvertes.

Au sortir du haut fourneau, la fonte, à l'état *naissant*, est reçue liquide et incandescente dans une sorte de creuset ou de poche en plombagine, à laquelle une machine à vapeur imprime un mouvement assez rapide d'oscillation, de façon à faire subir au contenu une violente agitation. L'air qui y pénètre brûle les matières étrangères : soufre, carbone, phosphore, silicium, qui sont expulsés sous forme de combinaisons gazeuses ou de scories. Le même effet était réalisé primitivement d'une manière plus rapide, mais moins économique, au moyen de tuyères qui projetaient dans la masse métallique fondue de

l'air comprimé. Suivant que l'opération est plus ou ·
moins prolongée, on obtient, comme je viens de le
dire, de l'acier proprement dit, ou ce que M. Bessemer appelle du demi-acier, ou enfin du fer doux.

On peut produire, par exemple, en une heure, sept
quintaux d'acier, tandis que les fours à puddler n'en
donnent que quatre et demi en deux heures et en six
fournées. L'économie de temps est donc considérable;
celle des frais de production ne l'est pas moins. Il y a
en outre grand avantage au point de vue de l'hygiène
industrielle et de l'humanité, grâce à la suppression
du travail accablant et malsain auquel sont condam-
nés les malheureux ouvriers employés, dans le système ordinaire, à brasser continuellement avec un
ringard, sur la sole du four à puddler, le bain métallique incandescent, afin de provoquer, pour ainsi
dire à force de bras, ces mêmes réactions chimiques
qui, dans le creuset de M. Bessemer, s'accomplissent
d'elles-mêmes par l'agitation mécanique.

M. Bessemer est un Anglais d'origine française.
Les premiers essais de son procédé ont été exécutés
vers la fin de 1856, dans l'usine métallurgique de
Buxterhouse, propriété de MM. Bessemer et Hongs-
don. Ce procédé n'a pas tardé à être essayé de
nouveau avec succès, et définitivement adopté dans
plusieurs établissements importants, en Angleterre,
en Écosse, en France, en Suède, en Belgique, en
Italie et en Russie. Les produits variés qu'on en a
obtenus figuraient avec honneur aux dernières expo-

sitions universelles de 1862, à Londres, et de 1867, à Paris.

Il nous reste à mentionner maintenant une quatrième espèce d'acier, connue sous les noms d'*acier de Wootz, acier de l'Inde, acier damassé*. C'est avec cet acier que, de temps immémorial, les Orientaux forgent ces fameuses lames de sabres, de poignards, de yatagans, appelées *damas,* du nom de la ville qui était jadis le centre unique de leur fabrication.

Qu'est-ce que cet acier? On ne le sait pas au juste; le secret des forgerons et des armuriers d'Orient n'a jamais pu être surpris. Cependant on réussit parfaitement en France à imiter les lames de Damas, en ajoutant à l'acier ordinaire quelques centièmes de platine ou d'argent; si bien qu'actuellement la plupart des armes damassées sont expédiées en Orient par nos manufactures du département des Bouches-du-Rhône. Les vraies lames de Damas présentent sur leur plat des dessins moirés, des veines alternativement blanches et noires, fines ou rubanées, parallèles, croisées ou entrelacées, et qui sont dues probablement à la présence, dans la pâte métallique, d'un carbure de fer régulièrement cristallisé, qu'on met à nu en mouillant la lame avec un acide étendu. Ces lames sont tellement tranchantes, et les Orientaux savent les manier avec tant de dextérité, « qu'elles coupent une masse de coton mouillé, dit M. Girardin, aussi facilement qu'un pain de beurre. » Mais elles ont le défaut de casser comme du verre.

Les lames de Tolède, non moins célèbres que celles
de Damas, sont, au contraire, d'une élasticité extraordinaire, puisqu'on peut les plier en cercle sans les
briser, et qu'elles reprennent ensuite spontanément
leur forme normale. Les Tolédains ne font pas,
comme les Orientaux, mystère de leurs procédés;
ils attribuent seulement à l'eau du Tage une vertu
spéciale pour la trempe, et c'est sur la rive de ce
fleuve que s'élève la manufacture royale, bâtie sous
le règne de Charles II.

« Pour faire une lame, les forgerons prennent
deux lingots d'acier dont la longueur varie de 4 à
5 centimètres, suivant celle que doit avoir la lame.
Entre ces deux lingots ils adaptent un fragment de
vieux fer à cheval forgé par les maréchaux tolédains.
Ces fers, à ce qu'il paraît, sont remarquables par leur
homogénéité et leur malléabilité, dues sans doute au
battage prolongé qu'ils ont subi sur l'enclume du maréchal. La pièce ainsi composée est chauffée, non avec
du coke ou de la houille, ou même avec du charbon
de bois ordinaire, mais avec un charbon de souches
de bruyères, préparé tout exprès. Lorsqu'elle est
arrivée à la température convenable, entre le rouge
cerise et le rouge vif, on la retire et on lui donne,
en la pétrissant longuement sous le marteau, la forme
voulue. Elle passe ensuite dans un des ateliers de
trempe. Il y en a deux, avec deux fourneaux, et deux
bassins remplis de l'eau *blonde* du Tage. Les pièces
y sont chauffées au même charbon que dans la forge,

nettoyées avec du savon, chauffées de nouveau, plon-
gées cérémonieusement dans l'onde sacrée, et enfin
passées une dernière fois au feu, où s'adoucit ce que
la trempe peut avoir de trop sec.

« A la trempe succède le fourbissage. Le fleuve
fait tourner douze meules de grès rouge, réparties
dans deux ateliers. Les lames reçoivent sur ces meules
leur forme définitive, leur pointe, leur tranchant;
mais, avant d'être polies, elles doivent être essayées.
Les essais se font encore dans un atelier spécial. Ils
sont au nombre de trois : le premier consiste à poser
la lame à plat sur une sorte d'enclume, et à peser
fortement avec les mains sur ses deux extrémités.
Le second s'appelle l'*épreuve de la langue du lion*. Un
ouvrier, tenant la lame par sa tige, en appuie la
pointe sur la langue pendante d'une tête de lion en
plomb, fixée au mur. Il fait ployer, en une courbe
plus fermée qu'un demi-cercle, la lame, qui, après
cette épreuve comme après celle de l'enclume, doit
se redresser parfaitement d'elle-même. Enfin le troisième essai se fait en frappant de taille, à tour de
bras, sur un bloc de fer doux, que la lame doit entamer sans s'ébrécher ni se fouler. Les lames qui sont
sorties victorieusement de ces épreuves décisives
sont polies sur des meules en bois enduites de tripoli; puis on les livre au graveur, qui les orne de
dessins et y inscrit la marque de la manufacture
royale. Enfin on les munit d'une poignée, d'une
garde, d'un fourreau, et on les expédie dans les arse-

naux de l'État, qui s'en réserve jalousement l'usage et le monopole.

« On fabrique à Tolède, en outre des sabres et des épées destinés à l'armée espagnole, des poignards, des couteaux de chasse, des fers de lance et des fleurets[1]. »

Une partie de ces produits est exportée, et la fabrication, se réglant sur la demande, est assez inégale; on l'évalue toutefois, en moyenne approximative, à sept ou huit mille pièces par an. Cette production est bien peu de chose, comparée à celle des grands centres de l'industrie dont Tolède s'est laissé déposséder. En Prusse, Solingen; en Belgique, Liége; en France, Klingenthal, Saint-Étienne, Châtellerault et Paris; en Angleterre, Sheffield, fournissent maintenant au monde entier, ou peu s'en faut, les armes blanches de guerre et de luxe et la coutellerie.

VI

Le cobalt. — Ses minerais. — Ses composés.

On donne souvent, à tort, dans le commerce, les noms de *cobalt* ou *cobolt, cobalt à mouches,* à une

---

[1] *Voyage scientifique autour de ma chambre,* chap XV. (1 vol. in-8°, Paris, 1862. Bibliothèque du *Musée des familles.*)

Manufacture d'armes à Châtellerault.

substance qui n'est autre chose qu'une suie arseni-
cale recueillie dans les cheminées des fourneaux où
s'opère le grillage des minerais de cobalt. Le véritable *cobalt* est un métal gris d'acier clair, dur, cassant, légèrement ductile à chaud, peu malléable. Son
point de fusion est à peu près le même que celui du
fer. Comme le fer aussi, la chaleur de nos fourneaux
les plus ardents ne peut le volatiliser. Comme le fer
enfin, il est magnétique; mais il est moins altérable
à l'air que ce métal. Cependant, au contact de l'air
humide, il se couvre d'une sorte de rouille brune,
qui est un sesquioxyde. Il décompose l'eau à la chaleur rouge, et s'oxyde en présence des acides azotique, sulfurique et chlorhydrique.

On attribue la découverte du cobalt à Brandt, l'un
des auteurs de la découverte du phosphore. « On a
pensé pourtant, dit M. Ch. Flandin, que Paracelse
avait pu connaître ce métal, dont il avait dit qu'il
avait la couleur du fer, qu'il était sans éclat, et ne
se laissait pas travailler. Mais Paracelse, en s'entou-
rant de mystère, se faisait aussi bien un mérite de ce
qu'il ignorait que de ce qu'il croyait savoir. Il est
certain qu'avant Paracelse même, et dès le XVIᵉ siècle,
on faisait usage de la mine de cobalt pour colorer le
verre. Si c'était aux étymologistes qu'on dût demander l'origine des noms et la connaissance des choses,
ils ne pourraient manquer de nous assurer que *koball*
vient de *kobolth,* et que *kobollhs* fut le nom donné aux
esprits gardiens des métaux dans les mines. Et de là,

par descendance, ils en viendraient sans doute à nous
dire que le moyen âge, qui a cru aux kobolths, a
nécessairement connu et nommé le kobalt. »

Quoi qu'il en soit, la découverte du cobalt métallique ne saurait être mise, jusqu'à présent du moins,
au nombre de celles qui doivent assurer à leur auteur la reconnaissance des peuples ; car ce métal est,
par lui-même, sans utilité. Mais plusieurs de ses
composés naturels et artificiels reçoivent des applications d'une certaine importance.

Les composés naturels de cobalt sont assez nombreux, mais peu répandus. On connaît cinq ou six
espèces minérales qui contiennent ce métal; mais
deux seulement sont exploitées. La plus abondante
est celle qu'on désigne sous le nom de *smaltine,* de
cobalt arsenical, d'*arséniure de cobalt*. Elle se trouve
à Allemont en Dauphiné, à Sainte-Marie-aux-Mines
(Haut-Rhin), aux environs de Luchon et de Jusat
(Pyrénées), à Riegelsdorf dans la Hesse, à Schneeberg en Saxe, à Joachimsthal en Bohême, etc.

D'après les analyses de M. Stromeyer, la smaltine
de Riegelsdorf renferme : cobalt, 20,31; fer, 0,89;
arsenic, 74,22; soufre, 0,16. Ce minerai est de tous
le plus employé. Les quantités annuellement exploitées en Europe s'élèvent à 20,000 quintaux métriques, valant 1 million.

On exploite aussi le minerai appelé *cobaltine,* ou
cobalt éclatant, qui est un sulfo-arséniure de cobalt,
et qu'on rencontre à Skutterud, en Norwége; à

Loos, à Hacambo et à Tunaberg, en Suède, et dans quelques contrées de l'Allemagne. Le minerai de Skutterud contient 33,10 p. °/₀ de cobalt métallique ; c'est le plus riche que l'on connaisse ; mais il est aujourd'hui fort rare.

Il existe deux variétés de sulfo-arséniure de cobalt, qu'on appelle, l'une, *cobalt gris,* l'autre, *cobalt blanc.* La première, désignée en allemand sous le nom de *grauer Speiss-Kobalt,* renferme, d'après Laugier, 12,7 de cobalt ; la seconde n'en contient que 9,6 : c'est celle que les minéralogistes allemands appellent *weisser Speiss-Kobalt.*

Les composés artificiels de cobalt, qu'on prépare pour les usages de l'industrie, sont : l'oxyde de cobalt pur ou siliceux (*safre*), le *smalt,* ou *cobalt vitrifié,* ou *bleu d'azur ;* le *bleu Thénard,* proposé d'abord par ce chimiste comme succédané de l'outremer naturel, avant la découverte de l'outremer artificiel ; le chlorure de cobalt, et quelques autres sels de ce métal. Tous ces corps servent à obtenir de belles couleurs bleues, soit pour la peinture, soit, plus souvent, pour la fabrication des verres colorés, des émaux, de la faïence et de la porcelaine.

On prépare, avec le chlorure de cobalt, une *encre sympathique,* qui est d'un rose très-pâle, invisible sur le papier au moment où l'on écrit, et qui prend, lorsqu'on la chauffe, une belle teinte bleue. Ce changement de nuance est dû à une modification isomérique que le chlorure éprouve sous l'influence de la

chaleur. Il disparaît par le refroidissement. Le chlorure de cobalt s'obtient en dissolvant l'oxyde pur
dans l'acide chlorhydrique, et c'est cette dissolution
même qui, convenablement étendue d'eau, constitue
l'encre sympathique dont nous parlons.

Au surplus, tous les sels de cobalt possèdent également cette curieuse propriété de passer du rouge
groseille, ou du rose fleur de pêcher au bleu, par
l'effet d'une température élevée. Les sels de sesquioxyde de chrome sont aussi susceptibles de prendre
deux couleurs dans les mêmes circonstances ; mais
ces couleurs sont le violet et le vert.

L'intensité de la teinte bleue que les oxydes et les
sels de cobalt communiquent aux matières vitreuses
est extrême. Elle fournit aux chimistes un moyen
assuré de reconnaître la présence du cobalt dans un
minéral ; il suffit d'ajouter au borax, par exemple,
$\frac{1}{400}$ de son poids d'oxyde de cobalt, pour que, fondu
au chalumeau, il se colore immédiatement en bleu.
Aussi les fabricants d'émaux ont-ils coutume de dire
que la couleur du cobalt mange toutes les autres.

VII

Le nickel. — Ses minerais et ses alliages. — Le maillechort.

Le nickel se rapproche beaucoup, par ses caractères, du cobalt, avec lequel il se trouve souvent uni dans ses minerais. Il fut découvert en 1751 par Cronstedt et Bergmann, et demeura longtemps à l'état de simple produit de laboratoire; non que ses propriétés ne le rendissent susceptible d'applications utiles; mais sa rareté, les difficultés de son extraction et son prix, par suite assez élevé, ne permettaient pas de l'employer seul. Ce ne fut donc que lorsqu'on eut l'idée de l'allier à d'autres métaux, notamment au cuivre, au zinc, à l'étain, pour la fabrication d'un métal imitant l'argent, que le nickel prit rang parmi les produits industriels. Les Chinois connaissaient et employaient, il y a bien longtemps déjà, un alliage de nickel qu'ils appelaient *pack-foung* (littéralement *cuivre blanc;* en anglais, *white copper*), que nous avons appris à imiter, et qu'on a appelé successivement *packfong,* par corruption de son nom chinois; *argentan* ou *argenton,* à cause de sa ressemblance avec l'argent, et enfin *maillechort.* Je reviendrai tout à l'heure sur ce métal composé.

Le nickel est un métal d'un blanc un peu grisâtre, comme le platine. Il est presque aussi dur que le fer, avec lequel il s'allie très-bien ; il est faiblement magnétique, très-tenace, ductile et malléable. Lorsqu'il a été obtenu par fusion, sa densité n'est que de 8,4 ; mais elle s'élève, par l'écrouissage, à 8,88, et même à 9,0. Il prend alors la texture fibreuse, et sa cassure devient *crochue,* par suite de la torsion exercée sur les fibres avant leur rupture. Il est à peu près inaltérable par l'air et par les acides faibles ; mais il est attaqué par les acides azotique, sulfurique et chlorhydrique. Il colore le premier en vert ; en présence du second, il décompose l'eau comme font le fer, le cobalt et le zinc.

Le nickel ne se trouve pas à l'état natif. Il est toujours combiné avec d'autres corps, métaux ou métalloïdes : principalement avec l'arsenic, l'antimoine et le soufre. Il entre, avec le fer et le chrome, dans la composition des aérolithes ou météorites. Les minerais les plus répandus, et les seuls à peu près qu'on exploite, sont : le *kupfer-nickel* ou *nickel arséniuré,* et le *nickel gris,* ou *arsénio-sulfuré.* Ces minerais se rencontrent dans les terrains anciens et dans les terrains de transition, en Saxe, en Suède, en Angleterre et, en France, dans le Dauphiné.

Le premier est de beaucoup le plus abondant. C'est un arséniure dont la formule théorique est : Ni As (1 équiv. de nickel, et 1 équiv. d'arsenic), mais dans lequel le nickel est toujours en partie remplacé par du cobalt ou du fer ; sans quoi il en renfermerait

44 p. %. Il est d'un gris rougeâtre, qui, joint à son éclat métallique, lui donne assez de ressemblance avec le cuivre, et qui lui a valu son nom germanique, lequel signifie *cuivre-nickel*. Il est très-fragile. Sa cassure est tantôt nette et unie, tantôt conchoïdale, et se ternit promptement à l'air. Sous le choc et sous le frottement, il dégage une odeur alliacée. Sa densité varie de 7,3 à 7,6. L'acide chlorhydrique ne l'attaque pas; mais il se dissout aisément dans l'acide azotique. Il existe une variété de kupfer-nickel que les minéralogistes appellent *nickel bi-arseniuré*, et dont la formule est : Ni As², lorsqu'une partie du nickel n'y est pas remplacée par du cobalt, ce qui est presque toujours le cas. Néanmoins ce minerai contient ordinairement, en moyenne, 29 p. % de nickel.

Le *nickel gris* se compose de bisulfure et d'arséniure, ou quelquefois d'antimoniure de nickel. Il est exploité, comme les deux précédents minerais, pour l'extraction du nickel, de l'arsenic, et quelquefois de l'antimoine.

Le nickel métallique s'obtient dans l'industrie en grillant le minerai, qu'on traite ensuite par le carbonate de potasse et le soufre; après quoi on reprend par les acides les sulfures qui se sont formés, ou on les transforme en oxydes, et on les réduit par le charbon, sous l'influence d'une forte chaleur. On livre ce métal au commerce en petites plaques de peu d'épaisseur. Il n'est employé qu'à l'état d'alliage. En Belgique, on le fait entrer dans la composition de certaines monnaies de billon, et M. de Ruolz a proposé de lui donner en France une application semblable, en le faisant entrer, avec l'argent et le cuivre, dans un alliage monétaire auquel il donne le nom de *tiers-argent*.

Mais l'alliage de nickel le plus important par son rôle dans l'industrie est, sans contredit, le maillechort. C'était, dans l'origine, une imitation et, pour ainsi dire, un succédané de l'argent, auquel il ressemblait assez, lorsqu'il était convenablement fabriqué, par sa blancheur, par sa solidité et même par sa sonorité. Mais sa composition est très-variable et tout à fait arbitraire, bien qu'on puisse signaler comme ses éléments principaux le cuivre et le nickel, avec addition de zinc ou d'étain.

L'invention de la dorure et de l'argenture galvaniques a fait prendre à la fabrication du maillechort un développement considérable; mais, en même temps que les quantités fabriquées se sont accrues, la qualité et la beauté du produit ont été singulièrement négligées. En effet, on ne vend plus aujourd'hui que très-peu d'objets en maillechort *nu;* presque tous ces articles, tels que couverts, réchauds, huiliers, plats, assiettes, porte-salières, cuillers à potage, truelles à poisson, etc., qu'on faisait autrefois, soit en argent, soit en *plaqué,* sont en métal argenté par le procédé Ruolz.

Les fabricants ont donc jugé, pour la plupart, fort

inutile de faire un métal d'un bel aspect, qui leur revenait assez cher et qu'ils ne pouvaient livrer, par conséquent, qu'à un prix élevé, alors que ce métal devait disparaître sous une couche d'argent. Comme d'ailleurs la masse du public veut avant tout du bon marché, ils se sont mis à fabriquer un alliage dur, résistant et sonore, mais de couleur jaune, contenant beaucoup de cuivre, susceptible, par conséquent, de se *vert-de-griser* au contact des graisses et des acides, et ressemblant beaucoup plus au laiton ordinaire qu'à l'argent.

Les couverts faits de cet alliage et argentés coûtent moins cher et font, lorsqu'ils sont neufs, autant d'effet que ceux de beau maillechort; mais lorsque la couche légère de métal inaltérable dont on les a revêtus est usée, ce qui ne tarde guère, l'alliage cuivreux se montre çà et là en taches jaunes; ce qui est fort laid, et peut en outre devenir dangereux, ce genre de couverts étant surtout en usage chez les traiteurs populaires, où l'entretien de la vaisselle et de ce qui tient lieu d'argenterie n'est pas, en général, l'objet de soins très-attentifs.

Cependant quelques industriels continuent de fabriquer, même pour l'argenture, un maillechort blanc pouvant, après que l'argent qui le recouvre est en partie usé, servir encore sans choquer la vue et sans compromettre la santé des consommateurs.

Tel est, par exemple, le métal appelé *alfénide,* sans doute du nom de son inventeur, et avec lequel on confectionne, au prix moyen de 70 francs la douzaine, de fort beaux couverts de table soigneusement argentés et d'un excellent usage. On a vendu aussi, il y a quelques années, sous le nom de *wolfram,* un métal blanc, imitant très-bien l'argent sans argenture, et jouissant, disait-on, d'une grande inaltérabilité. Toutefois ce métal a disparu du commerce, ne pouvant, à ce qu'il paraît, soutenir la concurrence contre ses devanciers.

Le maillechort ne doit pas être confondu avec les alliages appelés *métal anglais, métal d'Alger,* etc. Ceux-ci ne contiennent point de cuivre, et n'ont jamais ni la dureté ni la blancheur du maillechort. Ils se ternissent et se salissent à l'air, et exigent, pour conserver leur éclat, un continuel entretien. En revanche, ils peuvent servir et servent, en effet, à fabriquer des timbales, des théières, des cafetières et d'autres vases propres à servir de récipient à des liquides alimentaires, et offrant une parfaite sécurité.

Les Anglais attribuent même au métal de leurs théières des propriétés spéciales pour la conservation de l'arome du thé, et la plupart ne consentiraient pour rien au monde à préparer ce breuvage dans une théière en faïence ou en porcelaine.

Le *métal anglais* est, du reste, il faut le reconnaître, bien supérieur à notre *métal d'Alger* et aux autres alliages par lesquels nous cherchons à l'imiter. Sa composition n'est pas exactement connue; mais il

Grand atelier pour la fabrication du mobilier de la maison Krieger.

est, sans doute, essentiellement formé de nickel et d'étain de belle qualité.

VIII

Le chrome. — Le sidérochrome. — Le sesquioxyde de chrome.
Les chromates de plomb, de potasse et de soude.

Le *chrome*, ainsi nommé (du grec χρῶμα, couleur) à cause des belles matières colorantes que fournissent plusieurs de ses composés, a par lui-même peu d'importance. On ne l'isole que difficilement, et en petites quantités. C'est Vauquelin qui le premier, en 1797, l'a extrait d'une matière qu'on appelait alors *plomb rouge de Sibérie*, et qu'on sait aujourd'hui être un chromate de plomb. On a trouvé, depuis, plus avantageux de le retirer du *sidéro-chrome* ou *fer chromé*, appelé aussi *chromate* ou *chromite de fer*, *oxyde de chrome et de fer*.

Ce minéral se trouve assez abondamment sous diverses formes et en diverses contrées. En France, dans le département du Var, on le rencontre en masses amorphes, d'un brun noirâtre, douées d'un faible éclat métallique. Il est assez dur pour rayer le verre. Sa poussière est grise; sa densité est environ quatre fois celle de l'eau. Il contient, sur 100 parties :

oxyde de chrome, 37; peroxyde de fer, 35; alumine, 21; silice, 2. Dans l'Ile-aux-Vaches, voisine
de Saint-Domingue, on trouve sur le bord de la mer
le fer chromé formant, avec un mélange de sable
blanc, des couches de 2 à 3 centimètres d'épaisseur.
On l'isole par lavage et décantation, et on l'obtient
en petits grains cristallins, de forme octaédrique régulière, d'un brun noir et d'un aspect analogue à
celui de la houille.

Mais la variété la plus abondante, en même temps
que la plus riche en oxyde de chrome, est celle qu'on
tire des environs de Baltimore (Maryland) et de la
Pensylvanie, en Amérique; des monts Ourals et de
la Styrie, en Europe. Cette variété, d'un noir gris
brillant qui la fait ressembler à l'anthracite, est tantôt
en masses cloisonnées, à cassure imparfaitement lamelleuse, tantôt en gros grains amorphes enveloppés d'une stéatite blanche ou verdâtre.

Les sidérochromes de Baltimore, de l'Oural et
de la Styrie, contiennent de 51 à 55 p. % d'oxyde
de chrome; de 33 à 35 p. % de peroxyde de fer; de
1 à 6 d'alumine, et de 1 à 3 de silice. La Silésie
fournit aussi un fer chromé qui, par son aspect et
sa composition, se rapproche de ceux du Var et de
l'Ile-aux-Vaches. Le sidérochrome est le seul minerai exploité pour l'extraction ou la préparation de
l'oxyde vert et des chromates.

L'*oxyde vert,* ou *sesquioxyde de chrome,* est d'une
couleur verte, qu'on rend très-intense par la calcina-

tion, mais qui vire quelquefois au bleuâtre, lorsque l'action de la chaleur est trop vive et trop prolongée. Lorsqu'il est hydraté, c'est-à-dire combiné avec l'eau, sa teinte est légèrement grisâtre. On peut l'obtenir en cristaux rhomboédriques, isomorphes avec l'alumine cristallisée, ou corindon. On le prépare à l'aide de plusieurs procédés, dont le plus simple consiste à calciner le bichromate de potasse avec du charbon, dans un creuset brasqué. Il se forme du carbonate de potasse, qu'on enlève en le dissolvant dans l'eau, et du sesquioxyde de chrome, qui est insoluble dans ce liquide.

Le sesquioxyde de chrome, lorsqu'il a été calciné, n'est point attaqué par les acides; mais son hydrate s'y dissout facilement. Il est indécomposable par la chaleur seule, et irréductible par l'hydrogène à la plus haute température de nos fourneaux. Mais, mélangé intimement avec du charbon et chauffé au feu de forge, il se désoxyde, et l'on trouve au fond du creuset un culot métallique de chrome carburé, véritable *fonte de chrome*, comparable à la fonte de fer.

Chauffé au rouge sans mélange d'un corps oxydable, le sesquioxyde de chrome entre subitement en ignition; mais il ne se décompose pas, et n'éprouve qu'une modification moléculaire par suite de laquelle il prend, comme nous l'avons dit, une belle couleur verte. Ce corps est très-employé dans la peinture sur porcelaine et sur verre. On s'en sert aussi

pour obtenir une belle couleur rouge, que les Anglais appellent *pink-color,* et qu'ils ont appliquée les
premier sur la faïence.

On produit le pink-color en chauffant au rouge
un mélange intime de 100 parties d'acide stannique,
34 de craie, et 3 ou 4 de chromate de potasse. Ce
mélange, traité par l'acide chlorhydrique, prend une
nuance rose très-vive. On suppose que son principe
colorant est un oxyde de chrome supérieur au sesquioxyde, — j'entends par là plus oxygéné.

Le chrome peut, en effet, se combiner avec de
fortes proportions d'oxygène, et former ainsi de véritables acides. L'acide chromique ($Cr\,O^5$), en s'unissant aux bases, donne naissance aux sels que l'on
désigne sous les noms de chromates ou de bichro-
mates, selon la proportion d'acide qui entre dans leur
composition. Les chromates métalliques sont, en général, insolubles ou peu solubles dans l'eau. Il faut
excepter ceux de strontiane, de chaux, de magnésie,
de potasse et de soude. Les chromates solubles sont
vénéneux. On les rangeait naguère dans la classe des
poisons irritants. Ils sont facilement reconnaissables
à la coloration intense, rouge ou jaune, qui leur est
propre, et qu'ils conservent même en dissolutions
très-étendues. Ils donnent d'ailleurs, avec la plupart
des autres sels métalliques, des précipités caracté-
ristiques, qui sont des chromates insolubles. Ainsi,
ils précipitent en rouge-cramoisi les sels d'argent;
en rouge clair, les sels de mercure; en jaune, les sels

de plomb et de bismuth, etc. Les chromates les plus intéressants par leurs applications dans les arts sont ceux de plomb, de potasse et de soude.

Le *chromate de plomb* est communément appelé *jaune de chrome, jaune de Cologne,* ou *terre orange.* Sa teinte varie du jaune-citron au jaune-orangé, suivant qu'il est neutre ou basique; mais elle est toujours très-intense et très-éclatante. C'est une des couleurs minérales les plus employées dans la peinture à l'huile, ainsi que dans la fabrication des papiers peints et dans les impressions sur indiennes. Il sert aussi à colorer les poteries, et entre dans la composition de quelques vernis.

Ainsi que nous l'avons dit plus haut, on rencontre le chromate de plomb, dans la nature, sous diverses formes. Ce minéral était connu et employé depuis longtemps en Russie, lorsque la découverte de procédés économiques pour la fabrication du chromate artificiel en a fait abandonner l'usage.

Il existe deux *chromates de potasse :* le *chromate* proprement dit, ou *chromate neutre,* et le *bichromate,* ou *chromate acide.* L'un et l'autre se préparent directement avec le fer chromé.

Le chromate neutre est très-soluble dans l'eau, mais plus à chaud qu'à froid. Il est à peine soluble dans l'alcool. Si l'on verse dans sa solution aqueuse concentrée de l'acide chromique ou quelque acide puissant, il se forme du bichromate qui se dépose en cristaux rouges. Le chromate neutre lui-même cristallise en prismes rhomboïdaux d'un beau jaune citron. Il est sans odeur, mais doué d'une saveur fraîche et amère. Sa réaction est sensiblement alcaline : il rougit le curcuma, verdit le sirop de violette, et ramène au bleu la teinture de tournesol rougie par un acide. Il est inaltérable à l'air. On l'emploie dans la fabrication des toiles peintes. Il sert aussi à préparer les autres chromates.

Le bi-chromate de potasse diffère du précédent par sa couleur, qui est d'un beau rouge ; par la forme de ses cristaux, qui sont de larges tables rectangulaires, et par sa réaction, qui est acide. Il est aussi moins soluble dans l'eau, et tout à fait insoluble dans l'alcool. Du reste, il est inaltérable à l'air, fusible à la température rouge, et susceptible de cristalliser par le refroidissement. Sa saveur est amère et métallique. Il reçoit à peu près les mêmes applications que le chromate jaune.

Les chromates de soude ressemblent aux chromates de potasse, et peuvent être employés aux mêmes usages ; mais ils sont beaucoup plus solubles dans l'eau. Le chromate neutre de soude, en particulier, est tellement soluble, que ses cristaux fondent dans leur propre eau de cristallisation, à la moindre élévation de température.

IX

Paracelse est, dit-on, le premier auteur qui ait fait
mention du *zinc*. Il le place entre le mercure et le
bismuth, et en indique les propriétés principales,
mais d'une manière assez inexacte. Les anciens, s'ils
connaissaient ce métal, le connaissaient mal, et le
confondaient soit avec l'étain, soit avec le plomb.
Mais ils connaissaient ses minerais, la *cadmie* et le
spodium ou *pompholix*, qu'ils considéraient comme
un médicament précieux.

Le zinc est un métal d'un blanc bleuâtre. Fraîchement coupé ou poli, il possède un assez vif éclat;
mais au contact de l'air humide il s'oxyde promptement et devient d'un gris terne. Il est beaucoup
moins pesant que le plomb, et un peu moins que
l'étain, car sa densité n'est que de 7,19. Mais sa ténacité est supérieure à celle de ces deux métaux, puisqu'elle est représentée par 29,8, tandis que celle du
plomb n'est que de 27,7, et celle de l'étain, de 24. Il
est peu ductile, et tient le milieu entre les métaux
cassants et les métaux malléables. Il ne se lamine
bien qu'à la température de 150 ou 130 degrés au
moins. Au-dessous de cette limite, il devient telle-

ment cassant, qu'on peut le réduire en poudre dans un mortier. Sa texture est lamelleuse; il se gerce en s'aplatissant sous le marteau. Quoique plus dur que les deux métaux auxquels nous l'avons déjà comparé, il est mou et, comme eux, *graisse* la lime.

Le zinc est extrêmement oxydable, et même combustible. Un fil ténu de ce métal brûle à la flamme d'une lampe à alcool, en répandant une lumière blanche et très-éclatante. Les artificiers tirent parti de cette propriété pour obtenir les étoiles si blanches et si brillantes que projettent en l'air, lorsqu'elles éclatent, les *chandelles romaines*. Le zinc se convertit, par la combustion, en un protoxyde qui se présente sous forme d'une poudre très-blanche, et qu'on utilise dans les arts, depuis un certain nombre d'années, sous le nom de *blanc de zinc*.

Le zinc est un des métaux les plus attaquables par les acides, même les plus faibles. On peut toutefois remédier à cette excessive altérabilité, en associant à ce métal un peu d'étain fin et de plomb. Cet alliage résiste bien à l'action des acides; on doit donc le préférer au zinc pour la construction des baignoires, ainsi que des vases et tuyaux destinés à contenir ou à conduire des eaux acides, des eaux minérales, des eaux ménagères, etc.

Le zinc est employé en grandes quantités dans l'industrie. On en fait des seaux, des brocs et d'autres ustensiles de ménage; des gouttières et des tuyaux de conduite; des réservoirs, et surtout des toitures, pour lesquelles son usage est aujourd'hui presque universel dans les grandes villes. On s'en sert aussi pour la *galvanisation*, qui serait plus exactement appelée le zingage du fer. Enfin on l'applique avec un grand succès à la reproduction des ouvrages de sculpture qui, recouverts, par la galvanoplastie, d'une couche de cuivre, de bronze, et même d'or ou d'argent, font une concurrence redoutable aux mêmes ouvrages coulés en bronze massif. Cette industrie favorise puissamment la vulgarisation des objets d'art, que leur prix élevé rendait jadis inaccessibles pour les fortunes médiocres. Plusieurs composés du zinc reçoivent aussi des applications qui ne sont pas sans importance. Tels sont le chlorure et le sulfate de zinc, et principalement l'oxyde ou blanc de zinc, sur lequel nous reviendrons tout à l'heure.

Enfin le zinc forme avec le cuivre, sous les noms de *laiton*, de *potin*, de *tombac,* etc., des alliages dont les emplois sont trop nombreux, et d'ailleurs trop connus, pour qu'il y ait lieu de les énumérer.

Le zinc métallique n'a fait que depuis une cinquantaine d'années son apparition dans l'industrie, et les premiers essais de son emploi pour la couverture des édifices ne remontent pas au delà de 1819. Mais, depuis lors, il a acquis rapidement une importance égale à celle du plomb et de l'étain, sur lesquels il présente plusieurs avantages, notamment celui d'un prix beaucoup moins élevé. Ces avantages une fois reconnus, on s'est mis en quête de mines de ce métal, et l'on en a trouvé d'abondantes dans plusieurs pays. La Prusse (Silésie), la Belgique, les États-Unis, l'Angleterre, la France, l'Indo-Chine en possèdent de très-riches, qui fournissent amplement à la consommation du monde entier.

Le zinc n'existe pas dans la nature à l'état natif, mais seulement à l'état de combinaison. Ses minerais les plus répandus sont la *blende* (sulfure de zinc) et les silicates et carbonates, que l'on confond sous le nom de *calamine*. On les trouve généralement associés aux minerais de plomb et de cuivre ; mais ils forment aussi des amas et même des couches dans les terrains de sédiment. Il existe des gisements de cette espèce près de Tarnowitz, dans la haute Silésie ; en Carinthie, en Angleterre, en Belgique, depuis Aix-la-Chapelle jusqu'à Liége et Namur, et dans le pays de Juliers.

La France possède aussi quelques gîtes de calamine à Montalet, près d'Uzès ; à Saint-Sauveur, en Languedoc ; à Combecave, près de Figeac (Lot) ; à Clairac et Robrac (Gard). Ce dernier seul est exploité. Mais les mines de zinc les plus célèbres sont celles de la Vieille et de la Nouvelle-Montagne, dont les usines produisent la plus grande partie du zinc qui se consomme dans toute l'Europe. Ces usines et les mines dont elles mettent en œuvre les produits sont disséminées sur plusieurs points de la Prusse et de la Belgique.

C'est la Prusse, en effet, qui occupe le premier rang parmi les pays producteurs du zinc. Ses usines

Moulage du zinc dans les ateliers de la Vieille-Montagne.

sont situées à Stolberg, à Bergisch-Gladbach, à Bar-
beck, à Mulheim-sur-Ruhr et à Iserlohn. Outre les
produits des mines du pays, on y traite des quantités
considérables de minerais du grand-duché de Bade et
de l'Espagne. La Belgique prend rang immédiatement
après la Prusse. L'industrie du zinc y est centralisée
principalement dans la province de Liége. Les sociétés
de la Vieille et de la Nouvelle-Montagne et de Cor-
phalie, auxquelles appartiennent presque toutes les
mines et les usines à zinc de la Belgique, sont très-
prospères. Leurs produits, après avoir été traités sur
les lieux, trouvent un facile écoulement sur presque
tous les marchés du monde.

En France, il y a des lamineries de zinc à Sainte-
Marie-Thierceville, près de Gisors; à Romilly-sur-
Audelle (Eure), à Tirreville-au-Houx, près de
Cherbourg; à Vienne (Isère), à Givet (Ardennes),
à Saint-Denis (Seine) et à Paris. On y confectionne,
outre les feuilles, des fils et des chevilles qui, dans
beaucoup de circonstances, peuvent remplacer les fils
et les chevilles en fer ou en cuivre.

Les appareils et la méthode employés pour extraire
le zinc varient selon l'espèce du minerai et selon les
pays. Mais le procédé, très-simple au fond, est toujours le même. S'agit-il de la calamine, on commence
par la soumettre à une sorte de distillation pour en
chasser l'eau et l'acide carbonique, et pour la rendre
plus facile à diviser.

La blende est grillée dans un four à réverbère où

le soufre est brûlé, et où le sulfure métallique se transforme en oxyde. On opère ensuite, dans les deux cas, la réduction par le charbon (houille sèche ou coke en menus fragments).

Nous avons dit plus haut quelques mots du *blanc de zinc*. L'idée de substituer cette matière (*oxyde* ou *carbonate*) au *blanc de plomb* ou de *céruse* (carbonate de plomb) paraît avoir été émise pour la première fois, en 1779, par Courtois, attaché au laboratoire de l'académie de Dijon. Ce chimiste avait remarqué que le carbonate et l'oxyde de zinc ne noircissent pas, comme la céruse, sous l'influence des vapeurs sulfureuses, et que ces composés ont d'ailleurs l'avantage immense de ne point altérer la santé des ouvriers qui les fabriquent ou qui les emploient.

Un peu plus tard (en 1783), Guyton-Morveau fit ressortir à son tour les qualités du blanc de zinc, au double point de vue de l'hygiène industrielle et de l'économie. Dès lors Courtois entreprit la fabrication en grand du blanc de zinc, qui fut aussitôt appliqué à la peinture artistique, mais dont l'usage ne put alors prévaloir en France pour les travaux du bâtiment et la décoration, malgré les efforts des plus illustres chimistes de l'époque. Les tentatives récentes de MM. Sorel, Matthieu et Rouquette ont été plus heureuses; la fabrication et l'emploi de l'oxyde de zinc ont pris, depuis 1849, un rapide essor. La société de la Vieille-Montagne s'est mise à exploiter en grand les procédés de M. Leclaire, dans plusieurs usines

établies en Prusse, en Belgique et en France. Il y
a une dizaine d'années, ces usines ne produisaient
pas, ensemble, moins de 6 millions de kilogrammes
de blanc de zinc par an.

La préparation de l'oxyde de zinc est extrêmement
simple. On chauffe au rouge blanc, dans des cornues,
le zinc métallique, qui fond, puis se volatilise. La vapeur, en sortant des cornues, brûle au contact de l'air,
et se condense dans des chambres convenablement
disposées. On obtient ainsi deux produits distincts :
le *blanc de neige,* qui est très-fin, léger et floconneux,
et le *blanc de zinc* n°s 1 et 2, qui a moins de valeur
que le précédent. En outre, le blanc de zinc, broyé
avec du zinc métallique très-divisé, donne une substance qui se vend sous le nom de *gris de zinc,* pour
remplacer le *minium* (oxyde de plomb). Enfin les
résidus provenant des lavages, et qui ne peuvent plus
être utilisés comme couleurs, constituent les *cendres
de zinc,* que les fabricants de produits chimiques
achètent à bas prix, et qu'ils utilisent pour la préparation des sels de zinc, notamment du chlorure et
du sulfate.

Le *chlorure de zinc* a été désigné longtemps sous
les noms de *beurre de zinc* et d'*hydrochlorate,* ou
chlorhydrate de zinc. Il est blanc, caustique, déliquescent, soluble dans l'eau presque en toutes proportions. On l'emploie quelquefois en médecine, soit
à l'intérieur et à très-petite dose, comme antispas-
modique, soit à l'extérieur, comme caustique. Mais

l'application la plus remarquable de ce produit est celle qu'on en fait depuis plusieurs années à l'embaumement des cadavres et à la conservation des pièces anatomiques, et qui est due au docteur Sucquet. Auparavant, on employait pour cet usage l'acide arsénieux (procédé du docteur italien Trachina), ou bien un mélange de sulfate d'alumine et de chlorure d'aluminium (procédé Gannal).

Mais, dit l'auteur de l'article *Embaumements,* du *Nouveau Dictionnaire lexicographique et descriptif des sciences médicales et vétérinaires* [1], « des expériences comparatives ont prouvé que, pendant que les cadavres préparés avec la liqueur de Gannal, et exhumés au bout d'un an, étaient dans un état de putréfaction avancée, les cadavres de Sucquet présentaient une conservation complète et, exposés à l'air libre, se desséchaient sans la moindre putréfaction, acquérant une dureté comparable à celle du bois ou de la pierre. »

Le *sulfate de zinc,* appelé autrefois *vitriol blanc, couperose blanche, sel de Goslar, sulfate zincique,* etc., est un sel incolore, soluble dans 2 fois et 1/2 son poids d'eau, doué d'une saveur styptique et de propriétés très-astringentes. Les indienneurs le font entrer dans la composition de certaines *réserves;* les fabricants de vernis y ont recours pour rendre les huiles siccatives. En médecine, on l'employait autre-

---

[1] Par MM. Raige-Delorme, H. Bouley, Ch. Daremberg, J. Mignon et Ch. Lamy. — Paris, 1863, P. Asselin, éditeur.

fois comme émétique. Aujourd'hui on ne l'emploie plus que comme astringent, et presque toujours pour l'usage externe.

———

X

L'étain. — Son minerai. — Ses composés. — Bichlorure et bisulfure d'étain.

L'*étain* est un des métaux les plus anciennement connus. Les Grecs l'appelaient κασσίτερος, et les Latins *stannum*, ou *plumbum album*. Il se rapproche de l'argent par sa blancheur, lorsqu'il est fraîchement coupé ou poli; mais au contact de l'air il se ternit, et prend en peu de temps une couleur grisâtre. Comme il est d'ailleurs très-mou, il tache les doigts à la manière du plomb et du graphite. Il est doué d'une saveur métallique très-faible, mais désagréable, et acquiert par le frottement une odeur caractéristique, sensible surtout si on l'a tenu en main pendant quelques instants. Lorsqu'on ploie une barre d'étain en l'approchant de l'oreille, on entend un craquement particulier, dû à la rupture de ses fibres cristallines, et qui est connu sous le nom de *cri de l'étain*. Si l'on ploie et reploie la barre plusieurs fois de suite avec rapidité, le frottement des

fibres les unes contre les autres donne lieu à un dégagement de chaleur qui devient bientôt sensible à la
main.

L'étain est moins dur que le zinc; mais il l'est plus
que le plomb. L'ongle glisse à sa surface, tandis qu'il
entame aisément ce dernier métal. L'étain est assez
ductile; mais son peu de ténacité ne permet pas de
l'étirer en fils très-ténus. Un fil d'étain de 2 millimètres de diamètre rompt sous une charge de 24
kilogrammes. Ce métal est très-malléable. On peut
le réduire en feuilles extrêmement minces, non par
le laminage, mais par le battage. Il est, du reste,
beaucoup plus malléable à chaud qu'à froid. Sa densité est de 7,29; le martelage ne l'augmente pas sensiblement.

L'étain entre en fusion à 228°; mais il ne se volatilise que faiblement à la température du rouge
blanc. Il a une grande tendance à cristalliser, et l'on
rend aisément visible sa texture cristalline en enle-
vant, à l'aide d'un acide faible, la couche mince et
unie qui le recouvre. Il prend alors un aspect moiré,
dû aux réflexions inégales et en sens divers que la
lumière subit sur les tranches des lamelles mises à
nu par l'acide. On tire souvent parti, dans les arts,
de cette propriété, pour obtenir le *moiré métallique*
sur des ustensiles en étain, en cuivre étamé, ou, le
plus souvent, en fer-blanc.

A la température ordinaire, l'étain n'éprouve pas,
au contact de l'air, une notable altération; mais à la

température de sa fusion, il se recouvre promptement d'une pellicule grisâtre, qui est une combinaison de protoxyde d'étain et d'acide stannique. L'oxydation est d'autant plus rapide que la chaleur est plus grande; au rouge blanc, elle prend le caractère d'une véritable combustion, accompagnée d'une flamme blanche très-lumineuse.

L'étain est attaqué, avec plus ou moins d'énergie, par les acides azotique, chlorhydrique, sulfurique, etc. Il l'est aussi, en présence de l'eau, par les bases alcalines, avec lesquelles il donne naissance à des sels appelés *stannates*.

On n'a jamais trouvé l'étain à l'état natif. Le seul composé naturel qui soit exploité comme minerai est son bioxyde, ou plutôt son acide (acide stannique). Ce minerai, vulgairement connu sous le nom d'*étain oxydé* (*cassitérite* des minéralogistes), ne se rencontre en place que dans les terrains les plus anciens. Il y forme, au milieu de roches granitiques, de petits filons ou des filets irréguliers. On le trouve aussi dans les sables provenant de la désagrégation de ces mêmes roches, et il est alors beaucoup plus pur que dans le premier état. C'est une substance pierreuse, de couleur brune, grise ou blanc-jaunâtre, à éclat gras ou adamantin, tantôt légèrement diaphane, tantôt complétement opaque.

En quelques endroits, l'étain oxydé existe à l'état de concrétions fibreuses d'un brun clair, constituant ce qu'on nomme l'*étain de bois,* parce que les petites masses mamelonnées dont il se compose sont formées de couches concentriques distinctes, assez semblables à celles qu'on remarque sur la coupe des troncs et des branches d'arbres. Enfin, une autre variété de cette matière est en grains ou cailloux arrondis par le frottement, et appartenant aux alluvions anciennes. Cette dernière forme est celle des minerais qui se trouvent au Mexique, en Bolivie, sur les côtes de Bretagne et dans quelques gisements du comté de Cornouailles. Les principales mines d'étain sont dans la presqu'île de Malacca (Indo-Chine), dans l'île de Banca (mer des Indes), dans le comté de Cornouailles (Grande-Bretagne); aux environs de Zinwald (Bohême) et d'Altenburg (Saxe); en Suisse, en Espagne, au Pérou, en Bolivie, au Chili, au Mexique, etc. C'est actuellement de l'Angleterre, des Indes anglaises et hollandaises, de la Confédération helvétique, du Pérou et de la Bolivie, que la France tire la presque totalité de l'étain nécessaire à sa consommation. Nous recevons aussi du Chili du minerai qui est traité dans nos usines métallurgiques.

Les mines les plus anciennement exploitées en Europe sont celles du Cornouailles, qui semblent inépuisables. Longtemps avant l'ère chrétienne, les navigateurs phéniciens et carthaginois venaient en chercher les produits dans les ports de la Grande-Bretagne. Après la destruction de Carthage, ce furent les Phocéens de Marseille qui s'emparèrent de ce commerce. Ils transportaient l'étain anglais à Nar-

bonne, qui devint ainsi l'entrepôt général de cette
marchandise. L'Espagne, sous la domination romaine, fournissait aussi à l'Europe et à l'Afrique
des quantités assez considérables d'étain; mais ses
mines furent abandonnées et même comblées, lorsqu'après les invasions barbares elle devint un champ
de bataille que se disputèrent et occupèrent tour à
tour les hordes conquérantes venues du Nord et de
l'Orient. Depuis lors, les mines espagnoles n'ont jamais repris qu'une importance secondaire. Quelques
compagnies se sont formées de nos jours pour l'extraction et le traitement des minerais que recèle le
sol de la Péninsule; mais elles ne paraissent avoir
obtenu, faute de capitaux suffisants ou de circonstances favorables, que d'assez médiocres résultats.

L'Allemagne commença, vers le milieu du xiii⁰ siècle, à tirer parti de ses mines d'étain, et elle acquit
bientôt, dans cette branche de l'industrie métallurgique, une supériorité telle, que la reine Élisabeth
d'Angleterre fit venir d'Allemagne des ingénieurs et
des ouvriers pour améliorer les procédés, encore
imparfaits, dans son royaume.

Enfin, ce ne fut qu'en 1800 que la France songea
à extraire l'étain de son propre sol. On avait découvert, dans les départements de la Haute-Vienne et
de la Loire-Inférieure, des gisements qui furent mis
en exploitation, mais qui ne tardèrent pas à être
épuisés. Plus récemment, on s'est occupé d'utiliser
les minerais qui se trouvent, comme nous l'avons

dit, sur les côtes de Bretagne, et une compagnie s'est établie dans ce but, sous le nom de *Compagnie minière du Morbihan*.

En résumé, les mines les plus riches et les mieux exploitées de l'Europe sont aujourd'hui celles du Devonshire et du Cornouailles. Négligés pendant les guerres civiles qui agitèrent l'Angleterre au XVIIe siècle, les travaux furent repris avec activité au commencement du siècle dernier.

Depuis cette époque jusqu'en 1800, la production suivit une marche rapidement ascendante, et atteignit le chiffre de 3,250 tonnes par an. Elle demeura ensuite stationnaire pendant plusieurs années; mais, à partir de 1850, on l'a vue se relever, reprendre sa marche progressive, et arriver à une moyenne de 14 à 15 mille quintaux métriques.

Cependant on aurait tort de croire que l'Angleterre soit le pays d'Europe qui fait le plus grand commerce d'étain. Elle est dépassée de bien loin sous ce rapport par les Pays-Bas. Seulement cet État ne tire point l'étain de son propre sol, mais de ses colonies indiennes et des contrées voisines, où ses navires vont le chercher pour l'apporter en Europe. C'est, en effet, l'Inde qui fournit les quantités les plus considérables et la meilleure qualité d'étain.

On trouve aussi des minerais de ce métal dans plusieurs provinces de l'empire chinois; mais les gisements les plus vastes, et probablement les plus riches du monde, sont situés dans la Malaisie, c'est-à-dire dans la presqu'île de Malacca, dans la plupart des îles situées entre cette presqu'île et Java, et jusque dans cette grande île elle-même; en sorte qu'ils s'étendent sur une longueur de près de 1,200 milles (environ 2,300 kilomètres).

Ce fut au commencement du siècle dernier que le hasard fit découvrir les mines de Banca, les plus riches qu'on ait encore exploitées. Tous les minerais de la Malaisie sont des minerais d'alluvion. On obtient donc le métal oxydé en lavant simplement les terres, et l'étain malais est toujours de l'*étain-grain*, c'est-à-dire d'une pureté presque parfaite, tel que le fournit le minerai d'alluvion. Les mines, ou plutôt les excavations d'où l'on extrait ce minerai, sont des puits perpendiculaires de 5 à 8 mètres de profondeur; il suffit d'enlever la couche supérieure d'argile commune, pour arriver à celle qui contient le minerai, et qui est formée de gravier quartzeux et de sable granitique. On sépare l'acide stannique de ce sable et de ce gravier, en soumettant le tout à un lavage à l'eau courante; on le met ensuite en tas, et enfin on le réduit par le charbon dans des fourneaux à manche ou à réverbère. Ce mode de traitement laisse fort à désirer. Les minerais analogues du Cornouailles, qui sont généralement pauvres, donnent de 55 à 65 p. % d'étain-grain, tandis que, par suite de l'imperfection des procédés, ceux de Banca ne rendent pas, pour l'ordinaire, plus de 50 à 60 p. %. C'est pourquoi les Anglais se sont avisés, il y a quel-

ques années, de faire venir chez eux le minerai de
la Malaisie, et de le traiter dans leurs usines. Mais
le régime fiscal auquel est soumise la Grande-Bretagne
n'a pas permis aux métallurgistes anglais de réaliser
par ce moyen les bénéfices qu'ils avaient espérés.

La presque totalité de l'étain de Malacca, de Banca,
de Java et des îles voisines est extrait et fondu par
des colons chinois. Avant eux, ce travail était exécuté par les naturels, à l'aide de moyens grossiers,
analogues à ceux que les Indiens d'Amérique pra-
tiquaient pour extraire les métaux précieux, avant
l'invasion des Européens.

L'étain rend aux arts industriels et à l'économie
domestique des services immenses. On en fait des
vases et des ustensiles de toute sorte, dont la fabrication constitue l'industrie du *potier d'étain*. On en
revêt aussi les vases de fer et de cuivre, pour préserver ceux-ci du vert-de-gris, ceux-là de la rouille.
C'est ce qu'on appelle *étamage*. Pour étamer un vase
de cuivre, on le nettoie bien, puis on le chauffe à une
température un peu supérieure à celle où l'étain entre
en fusion. On y jette alors de la poix-résine, afin de
préserver du contact de l'air la surface à étamer;
puis on y étend avec un tampon l'étain fondu. Quelquefois on remplace la poix-résine par le sel ammoniac.

L'étain entre dans plusieurs alliages; le plus important est le bronze ou airain, dont nous parlerons
plus loin. Allié au plomb, il donne la *soudure des*

plombiers. Son amalgame est connu sous le nom de *tain*, et sert à revêtir d'une couche métallique brillante la face postérieure des glaces et des miroirs. Allié au fer, il donne le *fer-blanc*.

Enfin, le *métal anglais*, le *métal d'Alger*, le *maillechort*, etc., en contiennent des proportions plus ou moins fortes. En médecine, on administre quelquefois ce métal, sous forme de poudre très-fine, comme antihelminthique, principalement contre le *tœnia* ou ver solitaire. Malheureusement il est rare que l'étain du commerce soit d'une pureté irréprochable. Il renferme presque toujours du plomb, du cuivre, de l'arsenic, dont la présence peut rendre dangereux l'usage des vases d'étain destinés à contenir des substances alimentaires.

Pour vérifier la pureté de l'étain, on en fait fondre environ 50 grammes dans une cuiller en fer, et on le coule sur une plaque de même métal, légèrement concave. On a ainsi une sorte de petit gâteau métallique qui, refroidi, présente, si l'étain est pur, une surface blanche, brillante, très-unie, sans aucune gerçure, et fait entendre, lorsqu'on la plie, un *cri* très-clair. Si, au contraire, l'étain est impur, sa surface est terne, grisâtre, gercée et comme moirée; son cri est faible. Quant aux moyens de reconnaître la nature des corps qui altèrent la pureté du métal, ils sont du domaine de l'analyse chimique, et ce n'est pas ici le lieu de les décrire.

Toutes les mesures de capacité pour les liquides,

ainsi que les brocs et autres vases en usage dans le commerce, sont soumis à une vérification faite par des agents spéciaux, afin de s'assurer que ces vases sont en étain *au titre*, c'est-à-dire ne contenant pas plus de 18 centièmes de plomb. Cette mesure s'applique aux garnitures des comptoirs des débitants de vins et de liqueurs.

Les feuilles métalliques qu'on désigne sous les noms de *job* et de *paillon*, plus vulgairement *papier d'argent* ou *de plomb*, et qui servent, par exemple, à envelopper le chocolat, sont faites d'étain allié à une faible proportion de plomb. On les obtient par le martelage; afin qu'elles ne se déchirent pas, on les place entre deux feuilles plus épaisses, qui reçoivent le premier choc du marteau; en sorte que la feuille intérieure peut s'étendre et s'amincir presque indéfiniment sans se rompre.

Un américain nommé Cooke a imaginé, en 1854, pour la fabrication économique du paillon, un procédé qui consiste à couler de l'étain fondu autour d'un lingot de plomb maintenu au centre d'une lingotière. Les deux métaux se soudent ensemble et forment un seul lingot, qui est ensuite transformé, par le martelage, en feuilles où l'étain peut être en très-petite quantité, puisqu'il est tout entier à l'extérieur et recouvre le plomb des deux côtés. Ces feuilles seraient employées avec économie, d'après M. J. Girardin, pour un grand nombre d'usages auxquels on consacre ordinairement l'étain pur ou des alliages riches en ce métal, comme les enveloppes à tabac, les capsules métalliques pour la fermeture des bouteilles, etc.

Parmi les composés d'étain qui reçoivent des applications utiles, je mentionnerai seulement le perchlorure et le bisulfure.

Le perchlorure d'étain prend naissance soit quand on traite l'étain métallique par l'eau régale (mélange d'acide azotique et d'acide chlorhydrique), soit quand on fait passer un courant de gaz chlore dans une solution de protochlorure. Le perchlorure ou bichlorure ainsi préparé se trouve dans le commerce en masses amorphes et compactes, d'un blanc grisâtre, et se vend sous les noms d'*oxymuriate d'étain,* de *mordant d'étain,* et de *composition.* Il est déliquescent, très-caustique, et rougit fortement la teinture de tournesol. On l'emploie journellement comme *mordant* pour la teinture des laines et des cotons en rouge et en jaune. Le protochlorure d'étain lui-même est employé comme *rongeant,* pour produire des dessins en blanc sur des fonds d'indienne teints avec des sels de manganèse.

Le *bisulfure d'étain* est connu depuis des siècles, et c'est sans doute un des corps qui ont dû le plus contribuer à entretenir les anciens alchimistes dans leurs espérances relativement à-la transmutation des métaux vils en métaux précieux par le moyen du soufre et du mercure. Évidemment le premier alchimiste, — quel fut-il? on ne sait, — qui, après avoir

13*

fait fondre dans un matras un mélange d'amalgame d'étain, de fleur de soufre et de sel ammoniac, retira du vase cette substance d'un beau jaune brillant et chatoyant, dut être d'abord convaincu qu'il avait mis la main sur le grand arcane. Hélas! c'est pourtant bien là encore le cas d'appliquer le proverbe : « Tout ce qui reluit n'est pas or! » Un examen rapide et l'épreuve du feu, familière aux alchimistes, démontrent, en effet, promptement, qu'entre le produit de l'opération que je viens d'indiquer et le roi des métaux, il n'y a rien de commun qu'une vaine apparence.

Cette apparence a suffi toutefois pour faire donner au bisulfure d'étain les noms d'*or mussif* ou *musif, or mosaïque, or de Judée*. On l'appelle aussi *bronze des peintres*. On l'emploie de temps immémorial dans la peinture d'ornement, pour imiter les tons et les reflets du bronze. Il sert à dorer et à bronzer le bois, les poteries, les statuettes et les médaillons en plâtre, etc.

En dehors de ces usages, où l'on tire exclusivement parti de sa belle couleur et de son aspect brillant, le bisulfure d'étain rend à la science physique des services d'un genre plus sérieux, grâce à la propriété dont il jouit de développer rapidement l'électricité à la surface du verre. Aussi a-t-on soin d'enduire d'or mussif réduit en poudre les coussins frotteurs des machines électriques.

XI

L'antimoine. — Son minerai. — Ses composés.

Les anciens ne connaissaient de l'*antimoine* que son sulfure. Les Grecs l'appelaient στίμμι, les Latins *stibium*. Ce fut un moine de l'abbaye de Saint-Pierre d'Ereford, Basile Valentin, qui indiqua le premier, au commencement du xvᵉ siècle, le moyen d'extraire de ce sulfure l'antimoine métallique, sous la forme « d'une belle étoile d'un blanc brillant comme l'argent coupellé, non moins artistement distincte que si un peintre l'eût habilement divisée avec un compas ». C'est ce que Basile Valentin appelait le *Char triomphal d'antimoine*.

Plus tard, les alchimistes donnèrent à l'antimoine le nom de *régule*. Ce nom s'est conservé jusqu'à nous; il signifie *petit roi*, et indique, dit M. Ch. Flandin, l'opinion qu'on avait alors de ce métal. « On l'appelait *petit roi*, parce qu'on le supposait être un des éléments de l'argent, avec lequel il a d'ailleurs, par la couleur et l'éclat, une certaine ressemblance.

« Le nom d'antimoine, sur l'origine duquel on a trop disputé, a presque la même signification. Il veut dire fleur de Jupiter; ἄνθος Ἄμμωνος. Réduit de toutes ses scories ou gangues, au fond du creuset, ce métal offre assez la forme d'une fleur ou d'une étoile, fleur de Jupiter par excellence, *astrum album* ou *alabastrum*, noms encore donnés à l'antimoine par les chercheurs de la pierre philosophale au moyen âge [1]. »

L'antimoine est donc un métal très-brillant, d'un blanc légèrement bleuâtre, très-cassant, facile à réduire en poudre dans un mortier. Sa densité est représentée par le nombre décimal 6,8. Il entre en fusion à la température de 450°. A la chaleur blanche il se volatilise sensiblement et sans altération, à l'abri du contact de l'air; mais, en présence de l'oxygène de l'atmosphère, il brûle avec une flamme blanche très-lumineuse, en répandant des fumées abondantes. A froid et à l'état solide, il ne s'altère point à l'air. Il cristallise aisément lorsque, après avoir été fondu, il est abandonné à un refroidissement lent. Ses cristaux sont des rhomboèdres assez semblables à ceux du bismuth.

L'antimoine est attaqué par les acides sulfurique et azotique et par l'eau régale. En se combinant avec l'oxygène, il peut donner naissance soit à un sesquioxyde, soit à un acide qu'on appelle acide *antimonique.* Ses composés sont des poisons dangereux. Quelques-uns néanmoins sont employés en médecine comme émétiques et caustiques. On les désigne sous la dénomination générique et spéciale

[1] *Principes et Philosophie de la chimie moderne.*

d'*antimoniaux*, de même qu'on appelle *mercuriaux* les médicaments et les poisons à base de mercure[1].

L'antimoine se rencontre quelquefois à l'état natif, mais toujours allié à une petite quantité d'arsenic. C'est ainsi notamment qu'on l'a trouvé à Allemont (en Dauphiné). Il se présente alors sous forme de petites masses ou croûtes lamelleuses à l'intérieur, arrondies à l'extérieur comme des carapaces de tortues. Mais le seul minerai abondant est le sulfure d'antimoine (antimoine cru), qui existe en filons considérables dans plusieurs contrées de l'Europe : en Suède, en Angleterre, en Hongrie, en Bohême, et en France, dans les départements de la Lozère et du Puy-de-Dôme.

Ce sulfure naturel est d'un gris foncé, à texture cristalline confuse, doué d'un certain éclat métallique, et ressemblant beaucoup au graphite. C'est de cette matière qu'on extrait l'antimoine, en séparant d'abord le minerai de sa gangue par simple fusion, puis en le grillant dans des fourneaux à réverbère. Ce grillage donne un oxysulfure qu'on chauffe au rouge dans des creusets avec du charbon en poudre, arrosé d'une dissolution concentrée de carbonate de soude. Après l'opération, on trouve au fond du creuset un culot d'antimoine métallique, recouvert d'une scorie alcaline qui constitue le *crocus metal-*

[1] Voyez, relativement aux antimoniaux, aux mercuriaux et aux autres poisons à base métallique, notre livre des *Poisons*. In-8°, Tours, 1869; A. Mame et fils, éditeurs.

lorum des officines, et qu'on utilise soit directement dans la médecine vétérinaire, soit indirectement pour la préparation du *kermès* (oxysulfure d'antimoine hydraté).

Cent parties de sulfure d'antimoine donnent environ 45 parties de *régule d'antimoine* ou *antimoine métallique*, qui se trouve dans le commerce en masses orbiculaires conservant la forme des creusets dans lesquels elles ont été obtenues à l'état de culots. On remarque à la surface de ces pains des rudiments de cristallisation affectant une forme étoilée, avec des ramifications qui rappellent les arborescences de la glace sur les vitres.

L'antimoine forme, en se combinant avec l'oxygène, le soufre, le chlore, quelques composés qui reçoivent des applications d'une certaine importance. Tels sont surtout les oxysulfures qu'on désigne communément sous les noms d'*oxyde d'antimoine sulfuré demi-vitreux* et de *verre d'antimoine*, et le chlorure appelé *beurre d'antimoine*.

L'oxyde d'antimoine sulfuré est une préparation qui se présente sous la forme de masses opaques, d'un brun rougeâtre, à cassure lisse et brillante, ressemblant à une sorte d'émail brun, et qu'on emploie quelquefois en médecine.

Le *verre d'antimoine* est le résultat du grillage de l'antimoine cru. On le considère comme une combinaison d'oxyde d'antimoine avec le sulfure non décomposé; c'est donc un véritable oxysulfure d'an-

timoine. Cette substance est d'une couleur jaune qui
varie d'intensité suivant que le corps retient en se
vitrifiant une plus ou moins forte proportion de
sulfure. Son aspect est vitreux, et sa transparence
s'obscurcit à la longue au contact de l'air. On s'en
sert pour la préparation de l'émétique et pour quelques usages industriels.

Le *verre noir d'antimoine* ou *régule médicinal*
est opaque, très-dense, d'un noir luisant. Il jouait
autrefois en pharmacie un rôle important; mais il est
à peu près abandonné aujourd'hui. Sa composition
ne diffère de celle des autres verres d'antimoine que
par les proportions d'oxyde et de sulfure qu'il renferme. C'est aussi un produit intermédiaire du traitement du minerai.

Le chlorure d'antimoine doit son nom de *beurre
d'antimoine* à la consistance molle qu'il conserve à
la température ordinaire. C'est une matière blanche,
très-fusible, et se volatilisant à la température du
rouge sombre. Le beurre d'antimoine est en outre
déliquescent; il se dissout sans altération dans une
très-petite quantité d'eau; mais si l'on étend sa dissolution, il donne naissance à un oxychlorure qui se
précipite sous forme d'une poudre blanche, connue
dans les officines sous le nom de *poudre d'Algaroth*.
On se sert, en chirurgie, du chlorure d'antimoine
comme d'un caustique puissant. C'est aussi avec ce
corps que les arquebusiers bronzent ou brunissent les
canons des fusils de chasse pour les préserver de la

rouille, en même temps que pour leur ôter l'éclat métallique, qui éblouit et fatigue l'œil du tireur.

XII

Le cuivre. — Ses minerais. — Ses alliages. — Laiton et bronze.
Étamage du cuivre.

Le cuivre est de tous les métaux usuels le plus anciennement connu. Son usage était répandu bien avant celui du fer, ainsi que le prouvent les récits des poëtes et des historiens de l'antiquité, et les récentes découvertes de la paléontologie humaine. Les armes dont se servaient les héros d'Homère étaient faites d'airain (χαλκός) et non de fer, et l'on sait aujourd'hui que ce mot désigne indistinctement tantôt le bronze, tantôt le cuivre. Il en est de même du mot latin *œs*.

Le cuivre servait aussi à frapper la plus grande partie des monnaies, et son nom chez les Romains, comme chez nous celui de l'argent, représentait d'une manière générale la monnaie, le signe de l'échange, la richesse. On disait *œs publicum* (l'*airain* ou le *cuivre* public); *œs alienum* (l'airain d'autrui), tout comme on dit en France, de nos jours, l'argent de la nation ou de l'État (le trésor public), l'argent d'autrui. Le mot *cuprum,* dont on a fait *cuivre,* et qui était dérivé d'un des noms de la déesse Vénus ou Cypris, était plutôt scientifique qu'usuel; car Pline est à peu près le seul auteur latin chez lequel on le trouve.

Les usages nombreux auxquels on appliquait dans l'antiquité le cuivre, soit pur, soit allié à l'étain (nous avons vu que les anciens ne connaissaient pas le zinc), prouvent que l'on connaissait déjà d'abondantes mines de ce métal, et qu'on savait les exploiter. C'était l'île de Chypre, l'Espagne, l'Afrique et l'Arménie qui fournissaient au commerce et à l'industrie des anciens les plus grandes quantités de cuivre. On a pu, du reste, constater qu'il existe, dans presque toutes les contrées du monde, des gisements plus ou moins riches de ce métal; car chaque jour et à mesure que les anciens s'épuisent, on en découvre de nouveaux.

Pendant tout le moyen âge, les peuples de l'Europe tiraient de la Bohême, de la Thuringe, de la Saxe, du Hanovre, de la Suède la totalité du cuivre nécessaire à leur consommation. A partir du XVIᵉ et du XVIIᵉ siècle, on vit arriver successivement en Europe les produits des riches mines de l'Inde, du Mexique, du Brésil, du Pérou et de plusieurs autres contrées de l'Amérique. Vers le même temps eurent lieu, dans la Grande-Bretagne, les premiers sondages pour la recherche des richesses métalliques non encore exploitées que recélait le sol de cette île. Ces sondages eurent pour résultat la découverte de mines tellement abondantes, que, loin d'être épuisées de nos jours, elles continuent d'apporter annuellement sur les marchés du continent un large contingent de minerais et de métaux, et surtout de cuivre.

Les mines les plus riches de l'Angleterre sont celles du Cornouailles, du Devonshire et de l'île d'Anglesea. Ces dernières ont eu, pendant la seconde moitié du siècle dernier, une ère de prospérité vraiment prodigieuse. Leur exploitation, d'après un auteur anglais, consistait simplement à puiser dans une masse immense de minerai, située presque à la surface du sol sur une montagne de peu d'élévation. La quantité de métal qu'elles versèrent sur le marché, de 1773 à 1785, fut telle, que la valeur du cuivre baissa de moitié et que la plupart des compagnies qui exploitaient les autres mines du Royaume-Uni furent ruinées. Ainsi, en 1785, le produit des mines d'Anglesea s'éleva à 3,000 tonnes.

Mais cette prospérité ne put se soutenir. Dès 1795, ces mines ne livraient plus que 1,000 tonnes à la consommation; puis elles n'en donnèrent plus que 350. Dans la suite, sous l'administration intelligente de l'ingénieur Vivian, leur produit éprouva une nouvelle augmentation; mais il ne s'est jamais relevé jusqu'aux chiffres primitifs, et il est même retombé depuis à un niveau assez bas. En revanche, les mines du Cornouailles ont suivi une progression contraire; elles sont aujourd'hui comptées parmi les plus riches de l'Europe; leur produit annuel, qui est de près de 1,000 tonnes, joint à celui des autres mines de cuivre que possède l'Angleterre, compose, au profit de ce royaume, un total qui n'est égalé par aucun autre pays.

Si des îles Britanniques nous revenons sur le continent, nous devons citer en premier lieu les mines de Rammelsberg, près de Goslar (Hanovre), une des premières qui aient été connues au moyen âge, puisqu'on en extrayait le minerai dès le xe siècle. L'Allemagne possédait naguère encore plusieurs autres mines importantes, entre autres celles des montagnes du Harz et celle de Mansfeld (Thuringe), dont l'exploitation date des premières années du xiiie siècle. Pendant une période de plus de trois cents ans, ces mines ont pourvu, avec celles de la Suède, à tous les besoins de l'Europe. Il y a une quarantaine d'années, elles donnaient encore annuellement de 425 à 450 tonnes de cuivre. Elles sont maintenant à peu près épuisées, et remplacées par celles de la Transylvanie, dont l'exploitation a commencé il y a environ soixante ans, et qui sont encore en activité.

Ce fut au xiie siècle que les mines de Suède commencèrent à verser leurs produits sur les marchés de l'Europe centrale et méridionale, et à entrer en concurrence avec celles de l'Allemagne. La plus célèbre des mines scandinaves est celle de Falhun, en Dalécarlie, dont l'exploitation remonte, dit-on, à plus de mille ans. Les mineurs de la Dalécarlie for-

maient une population laborieuse, énergique et vail-
lante. Ce fut parmi eux que le libérateur de la Suède,
Gustave Wasa, vint se cacher en partageant leurs dangereux travaux, après s'être échappé de sa prison.
Ce fut parmi eux qu'il recruta les braves compagnons
à la tête desquels il conquit son royaume.

Les mines de Falhun entrent, à elles seules, pour
les trois quarts dans la production totale de la Suède.
L'autre quart est fourni par les mines de Linkœping,
d'OErebro, d'Amstersund, etc. La Norwége a exploité
longtemps les mines de Drontheim et de Roraas. Les
premières fournissaient du cuivre d'excellente qualité, dont la plus grande partie était exploitée en
Hollande et à Hambourg, pour le doublage des navires et pour la chaudronnerie.

La Russie possède, on le sait, en Sibérie et dans
les monts Ourals et Altaï, des richesses métalliques
dont la découverte et l'exploitation remontent à une
époque fort reculée. Ces richesses sont loin d'être
épuisées, et l'on ne saurait douter que les longues
chaînes de montagnes qui hérissent, sur une grande
étendue, le territoire du vaste empire moscovite, ne
recèlent dans leurs flancs une abondante réserve, à
laquelle il sera temps de recourir lorsque les produits
des mines actuellement en activité commenceront à
devenir plus rares. Pour le moment, la Russie est un
des pays qui livrent au reste de l'Europe, et notamment à la France, les meilleures qualités de cuivre.

L'extraction et la métallurgie du cuivre sont, en

Gustave Wasa chez les mineurs de la Dalécarlie.

France, de date récente. On a découvert dans notre pays jusqu'à 88 gisements de ce métal, et 14 concessions ont été accordées pour son exploitation; mais on n'a trouvé que quatre mines qui valussent la peine d'être exploitées; et deux seulement, celles de Chessy et de Saint-Bel (Rhône), l'ont été avec profit pendant quelques années. Elles sont maintenant épuisées. On a retrouvé depuis, aux environs de Cabrières (Hérault), un filon de minerai cuivreux argentifère qui paraît avoir été entamé anciennement, et dont on a commencé à tirer un parti assez avantageux. Malgré cela, la production immédiate du cuivre en France peut être considérée comme tout à fait insignifiante, et nous sommes réduits à demander presque intégralement ce métal aux pays étrangers.

Cependant les mines découvertes, il y a quelques années, dans notre colonie algérienne, ont pu faire espérer que la France trouverait là une ressource précieuse, susceptible de favoriser son industrie métallurgique. Des concessions ont été accordées pour l'exploitation de deux de ces gisements : celui de la Mouzaïa et celui du cap Tenez.

Les mines de la Mouzaïa renferment trois groupes de veines, composées de sulfate de baryte, de carbonate de fer et de minerai de cuivre gris. Elles sont situées sur le versant méridional des premières montagnes qui forment la chaîne de l'Atlas, au nord de Médéah. On y travaille depuis 1844, et cinq à six cents individus sont employés à leur exploitation.

Les veines du cap Tenez sont de nature différente.
C'est une dolomie ferrugineuse, mêlée avec des couches d'argile et de pyrites cuivreuses. Elles ont été
mises en exploitation en 1849, et l'on a constaté
qu'elles sont nombreuses, mais éparpillées sur une
grande étendue, ce qui rend très-coûteuses les opérations préparatoires.

Les Anglais ont été plus heureux dans leur colonie
de l'Afrique australe. On peut dire qu'il n'est, dans
cette partie de l'ancien continent, aucun centre d'exploitation qui n'offre le minerai sous ses trois aspects
les plus connus : par groupes, par filons et par amas.
Le cuivre s'y rencontre quelquefois aussi à l'état
natif, en cristallisations ramifiées, d'un jaune rougeâtre très-vif. Aussi a-t-on vu se former au Cap,
depuis 1847, mais principalement en 1854, une multitude d'entreprises pour l'exploitation des mines et
le traitement des minerais.

D'autre part, les Anglais ont trouvé en Australie
des minerais tout à fait analogues à ceux des monts
Ourals. Ce sont des nodules disséminés dans une
roche sableuse légèrement cohérente, ou dans de
l'argile ocreuse. Ces nodules sont hérissés de cristaux
dont les interstices sont remplis de sable ou d'argile.
Quelques-uns sont de grandes dimensions. Ils consistent généralement en oxyde rouge formant la plus
grande partie de la masse, et recouvert de carbonates
bleu et vert. On rencontre aussi, mêlé à l'oxyde, un
peu de cuivre natif. Les mines dont nous parlons

sont situées dans les provinces du Sud, à Burra-Burra et dans la vallée de Lynedock, à 30 milles de la ville d'Adelaïde.

Mais, avant d'explorer les contrées lointaines, nous aurions dû signaler encore, en Europe, les mines de la Toscane et de la Lombardie, de l'Espagne et du Portugal. La péninsule hispanique, dont le sol renferme tant de mines de toute nature, est surtout riche en mines de cuivre. Ce métal y est répandu en maint endroit; mais la partie sud-ouest pourrait être particulièrement appelée le district cuprifère. On y trouve, en effet, de nombreux amas d'une pyrite de fer contenant, avec des traces d'argent, des quantités de cuivre qui varient de 1 à 6 p. 0/0.

Ces masses affectent, en général, la forme de filons énormes, dont la longueur atteint souvent plusieurs kilomètres, et dont l'épaisseur dépasse quelquefois 150 mètres. Elles sont assez rapprochées de la surface du sol, et leur présence est presque partout signalée par des restes de travaux.

Quiconque a visité ce pays ne peut douter que les Romains n'en aient tiré le cuivre dont ils faisaient usage. Leurs travaux de mine étaient exécutés sur une échelle gigantesque, et par conséquent il en était de même de leurs opérations métallurgiques : témoin les énormes amas de scories, résidus de ces opérations, qui ont signalé aux explorateurs l'emplacement des mines autrefois exploitées par les Romains, et dont la plupart ont été de nos jours remises en activité. De nombreuses médailles, trouvées dans ces scories et dans les ruines attenant aux exploitations minières, prouvent d'ailleurs que l'époque la plus prospère de cette industrie dans la Péninsule a été celle des premiers empereurs.

Parmi les usines aujourd'hui les plus importantes, on peut citer celles de Rio-Tinto, exploitées depuis longtemps par le gouvernement espagnol; celles de Tharsis et de Huelva, exploitées par des compagnies françaises; celles de Vulcano, de San-Miguel, de la Evidentia; enfin, celles de Bemposta (Portugal), exploitées par une compagnie anglo-portugaise.

Le cuivre ne manque point en Asie. Il en existe des gisements étendus et profonds en Arménie, entre le Tokat, l'Euphrate et l'Anti-Taurus. Le Japon en possède aussi de très-riches, dont les produits sont répandus dans tout l'Orient, et se consomment en grande partie dans l'Inde. Les mines de cuivre d'Arménie, faute de combustible et de voies de communication, sont demeurées jusqu'à présent dans un état d'abandon à peu près complet.

L'Amérique centrale et méridionale, cette terre classique des métaux précieux, n'a pas été moins favorisée de la nature en fait de métaux usuels, excepté toutefois en ce qui concerne le fer, relativement moins commun dans le nouveau monde que dans l'ancien. Les Européens, en prenant possession des vastes et riches contrées qui forment les territoires du Mexique, du Pérou, du Brésil et des autres

États hispano-américains, y trouvèrent d'immenses gisements de cuivre natif, oxydé, sulfuré et pyriteux. Ceux du Mexique ont été longtemps célèbres; mais ni la science ni l'industrie ne semblent pouvoir s'établir dans ce malheureux pays, sans cesse en proie à la guerre civile et aux déprédations des aventuriers qui se disputent le pouvoir.

Les mines de cuivre du Chili et du Pérou sont beaucoup plus prospères. Le Chili surtout entre pour une large part dans l'approvisionnement de l'Europe en minerais de cuivre et en cuivre métallique. Toutefois la production de l'Amérique du Sud sera bientôt dépassée par celle des gisements découverts, — il serait plus exact peut-être de dire retrouvés, — il y a quelques années, dans le voisinage du lac Supérieur (États-Unis du Nord).

Le cuivre était connu et employé par les Indiens de l'Amérique septentrionale bien avant la découverte du nouveau monde par les Européens. « A cette époque, dit sir John Lubbock dans son savant et curieux ouvrage *l'Homme avant l'histoire,* les puissantes nations de l'Amérique centrale étaient au milieu de l'âge du bronze, tandis que les Américains du Nord étaient dans un état dont nous ne trouvons en Europe que quelques traces bien rares, c'est-à-dire un âge du cuivre...

« Le cuivre se trouve fréquemment dans les *tumuli,* tantôt travaillé, tantôt à l'état naturel. Les haches ressemblent beaucoup à ces haches simples

d'Europe qui contiennent la quantité minimum
d'étain; quelques peintures mexicaines nous montrent comment elles étaient emmanchées, et comment
on s'en servait. Les haches mexicaines, il est vrai,
étaient de bronze, et avaient par conséquent été
fondues, au lieu que les haches indiennes, qui sont
de cuivre pur, paraissent, dans tous les cas, avoir été
faites à froid... Ainsi, quoique ces Indiens connussent
le métal, ils ne savaient pas s'en servir; et, comme
le professeur Dana le fait si bien remarquer, on pourrait dire qu'ils vivaient dans l'âge de pierre, puisqu'ils employaient le cuivre non pas comme métal,
mais comme pierre. Cet état intermédiaire entre un
âge de pierre et un âge de métal est fort intéressant.

« Le cuivre natif se trouve en grandes quantités
dans le voisinage du lac Supérieur et dans quelques
autres localités plus septentrionales encore; les Indiens n'avaient donc qu'à en détacher des morceaux
et à lui donner, à coups de marteau, la forme qu'ils
désiraient. Hearne entreprit son célèbre voyage aux
embouchures de la *Coppermine* (rivière de la Mine
de cuivre), sous les auspices de la *compagnie de la
baie d'Hudson,* dans le but d'examiner les localités
où les indigènes de ce district se procuraient le métal. Dans ce pays il se trouve en morceaux à la surface du sol; et les Indiens semblent l'avoir ramassé
sans avoir fait quoi que ce soit qui puisse s'appeler
une mine. Autour du lac Supérieur, cependant, le
cas est tout différent. MM. Squier et Davis, M. Lap-

ham et M. Schoolcraft décrivent en quelques mots d'anciennes mines de cuivre, et le professeur Wilson a traité longuement le même sujet[1]. »

On voit, en résumé, que le cuivre est très-abondamment répandu dans la nature. On l'y rencontre sous diverses formes : quelquefois pur, plus souvent combiné avec l'oxygène, avec le soufre ou avec des acides minéraux. Les espèces minérales qui le fournissent habituellement à l'industrie sont au nombre de cinq principales, savoir : le *cuivre natif,* — l'*oxydule de cuivre,* — le *cuivre sulfuré,* — le *cuivre pyriteux,* — et le *cuivre gris.*

Le cuivre natif est pur ; sa couleur est jaune rougeâtre. Il est souvent cristallisé en octaèdres de petites dimensions, tantôt isolés, tantôt groupés en dendrites ou en réseaux, qui s'étendent en sens divers dans les roches calcaires, schisteuses ou argileuses. On le rencontre aussi, mais plus rarement, en couches minces ou bien en filaments, ou encore en masses arrondies quelquefois très-volumineuses, disséminées dans les sables ou accompagnant d'autres minerais du même métal. Les contrées les plus riches en cuivre natif sont : la Sibérie, les îles Feroë, le bannat de Temeswar (Hongrie), le comté de Cornouailles (Angleterre), les environs du lac Supérieur et plusieurs autres districts de l'Amérique septentrionale.

[1] Chap. VI, *Archéologie de l'Amérique du Nord.*

Le cuivre oxydulé, ou oxydule de cuivre (*cuivre rouge* ou *vitreux* des anciens minéralogistes), est d'un rouge foncé très-vif, presque pourpre; tantôt cristallisé, tantôt en masses compactes. Il est transparent, vitreux, friable. Ses cristaux appartiennent au système cubique. Lorsqu'il est en masses lithoïdes, il est ordinairement mêlé d'oxyde de fer. Son aspect alors est terne et sans transparence, et sa couleur se rapproche du rouge brique. Il accompagne souvent des masses plus ou moins considérables de carbonate ou de sulfure de cuivre. Ce minerai se trouve surtout en Angleterre, en Sibérie, au Chili et au Pérou.

Le cuivre sulfuré est un des minerais les plus riches, et un de ceux dont l'exploitation est la plus avantageuse, parce qu'on en retire du soufre en même temps que du métal. Il est gris foncé, avec une teinte bleuâtre à la surface, et il acquiert par le frottement un vif éclat métallique. Sa structure est compacte et lamelleuse. Il est friable et tendre au point qu'on peut le couper avec un couteau, surtout lorsqu'il est mêlé à du sulfure d'argent, ce qui n'est pas rare. Il est très-fusible. Sa forme et son aspect varient. On le trouve en couches mamelonnées, en masses, en cristaux, ou bien en écailles imbriquées comme celles des cônes de pin. Il est associé, dans beaucoup de gisements, au cuivre pyriteux. Il abonde en Suède, dans les monts Ourals, en Saxe, dans le Cornouailles, en Algérie, au Chili.

Le cuivre pyriteux est un sulfure double de cuivre

et de fer. Il est d'un jaune bronzé ou verdâtre, avec des reflets dorés ou irisés. Ses cristaux appartiennent au système octaédrique. Ce minerai est le plus commun de tous; mais il est moins riche que le précédent. Il forme des amas et des filons dans les terrains de cristallisation, à Baigorry (Pyrénées), à Chessy près de Lyon, à Roraesen (Norwége), et dans les schistes argileux des dépôts siluriens, à Herrengrund en Hongrie, à Rammelsberg, dans le Harz, dans le Mansfeld, dans le Cornouailles, etc. On donne quelquefois au cuivre pyriteux le nom de *cuivre panaché*.

Le cuivre gris, ou *falherz*, est un sulfure double de cuivre et d'antimoine. Il contient en outre, presque toujours, de l'argent en proportions variables. Il est quelquefois en cristaux dérivant du tétraèdre régulier; mais plus souvent il est en masses compactes d'un gris d'acier plus ou moins foncé, à cassure grenue, douées d'un assez vif éclat métallique. Sa poussière est noire ou brune. Ce minerai forme, en certains endroits, des gîtes indépendants. Ailleurs il accompagne les pyrites de cuivre, et s'exploite en même temps. Le cuivre gris abonde au Pérou, au Chili, au Mexique, en Sibérie, en Hongrie et en Saxe. On en a trouvé en Angleterre et en France.

Le traitement métallurgique des minerais oxydés et carbonatés est simple et facile. Il consiste à les faire fondre dans des fourneaux à cuves, après les avoir mélangés avec du charbon et avec des scories siliceuses. On obtient ainsi du cuivre noir qui, pour

devenir *marchand*, n'a plus besoin que d'être soumis
à l'affinage. Il n'en est pas de même des minerais
pyriteux, dont le traitement est long et compliqué, à
raison de l'énergique affinité du soufre pour le cuivre :
affinité qui rend leur complète séparation très-difficile. L'opération devient plus compliquée encore
lorsque le minerai contient de l'argent, ce dernier
métal étant, dans le falherz, par exemple, en assez
forte proportion pour qu'il y ait tout avantage à l'extraire. Dans ce cas, les difficultés du travail sont aug-
mentées par la présence du plomb, de l'antimoine, de
l'arsenic, unis aux métaux qui sont l'objet du traitement.

Le cuivre se distingue à première vue de tous les
autres métaux par la couleur rouge qui lui est
propre. Lorsqu'il est réduit en feuilles très-minces,
il devient transparent et présente alors, à la lumière
transmise, une belle teinte verte. Il est doué d'une
saveur métallique particulière, et acquiert par le
frottement une odeur très-sensible et désagréable.
Sa densité varie de 8,78 à 8,96, selon le travail auquel il a été soumis. Il est très-ductile et très-
malléable. On peut l'étirer en fils d'une grande
finesse, et le réduire par le battage en feuilles extrêmement minces.

C'est un des métaux les plus tenaces que l'on connaisse ; car il faut un poids de 140 kilogr. pour rompre un fil de 2 millimètres de diamètre. Il est en
outre élastique, dur et sonore. Il entre en fusion à la

température du rouge vif, et se volatilise sensiblement à la chaleur blanche. Ses vapeurs brûlent dans
l'air avec une flamme verte. A la température ordinaire, il ne s'oxyde pas au contact de l'air sec; mais
il s'altère assez promptement à l'humidité, et plus
encore lorsque l'atmosphère est chargée de vapeurs
acides. Il se forme alors à sa surface une couche verdâtre qu'on désigne vulgairement sous le nom de
vert-de-gris. La présence d'un acide favorise d'abord
l'oxydation du cuivre, et donne ensuite naissance à
un sel. Une lame de cuivre mouillée avec de la dissolution aqueuse d'ammoniaque s'oxyde aussi très-
promptement.

Le cuivre est fortement attaqué par les dissolutions
salines étendues; il l'est moins par les dissolutions
concentrées. L'acide chlorhydrique attaque et dissout le cuivre très-divisé; mais il reste presque sans
action lorsque le métal est en plaques, en lingots.

Le cuivre décompose la vapeur d'eau à une forte
chaleur blanche; mais il ne la décompose point en
présence des acides très-énergiques, comme font le
fer et le zinc. Il se dissout avec facilité dans l'acide
sulfurique concentré, ainsi que dans le même acide
étendu d'eau. Il se combine enfin, sous l'influence
de la chaleur, avec les acides organiques. Tous les
sels qu'il forme sont de violents poisons.

Le cuivre fait partie de divers alliages très-employés
dans l'industrie. Les deux plus importants sont, sans
contredit, le *laiton* ou *cuivre jaune,* et le *bronze.*

Le *laiton* est formé de cuivre et de zinc, dans la proportion de $\frac{2}{3}$ ou $\frac{3}{4}$ du premier métal, et $\frac{1}{3}$ ou $\frac{1}{4}$ du second. On y ajoute parfois quelques centièmes d'étain ou de plomb. La combinaison s'obtient par le procédé le plus simple, en fondant ensemble les métaux dans un creuset.

Le laiton est d'un beau jaune qui rappelle celui de l'or, mais qui est un peu plus pâle. Il est plus dur et plus inaltérable que le cuivre pur, et se travaille plus aisément au tour; mais il n'a pas la sonorité du cuivre ou du bronze. Il est, du reste, très-ductile et très-malléable. Lorsqu'il ne contient pas de plomb, il *graisse* la lime, c'est-à-dire qu'il reste adhérent dans les interstices des dents et les empêche de mordre. L'addition de 2 ou 3 centièmes de plomb fait disparaître cet inconvénient, et rend en même temps l'alliage plus dur. L'étain produit le même effet.

On obtient un métal d'excellente qualité par la composition suivante : cuivre rouge bien pur, 91 parties; zinc, 6; étain, 2; plomb, 1. C'est de ce métal que sont faites plusieurs des statues qui ornent le parc de Versailles. Le laiton présente une teinte plus ou moins pâle, selon que le zinc s'y trouve en proportion plus ou moins considérable. Il est d'un blanc gris si le zinc y domine.

Il faut considérer comme des variétés de laiton les alliages appelés *tombac, clinquant, similor* ou *or de Manheim, chrysocale.*

Le tombac, employé pour les objets d'ornement

destinés à être dorés, renferme de 10 à 14 parties de zinc.

Le clinquant, qu'on peut réduire par le battage en feuilles extrêmement minces, est composé à peu près de la même manière.

Le similor contient de 10 à 12 p. 0/0 de zinc, et de 6 à 8 d'étain.

Enfin, le chrysocale renferme 6 à 8 p. 0/0 de zinc et 6 p. 0/0 d'étain.

Les usages du laiton et des autres alliages analogues sont trop connus pour qu'il soit besoin de les énumérer. Il vient beaucoup de cuivre jaune de Suède, d'Allemagne et d'Angleterre. On en fabrique aussi en France, dans les fonderies de cuivre rouge.

Le cuivre pur se prête difficilement au moulage, parce qu'il se forme dans sa masse ou à sa surface des soufflures qui gâtent la pièce coulée : il est d'ailleurs altérable par un grand nombre de corps étrangers, et manque de dureté. L'étain, allié au cuivre en proportion convenable, corrige ces défauts beaucoup mieux encore que ne fait le zinc. Cet alliage de cuivre et d'étain, auquel on a eu recours dès la plus haute antiquité, est connu sous les noms de *bronze*, d'*airain*, de *métal des cloches*, *des canons*, *des miroirs de télescope*.

Le cuivre et l'étain ne se combinent pas ensemble sans quelque difficulté, et leur union n'est jamais bien intime. L'étain, beaucoup plus fusible, tend toujours à se séparer par liquation ; ce qui est un inconvénient assez grave lorsqu'il s'agit de couler de grosses pièces. Le bronze possède d'ailleurs une propriété remarquable : refroidi lentement, il devient dur et cassant; tandis que, si après l'avoir chauffé au rouge on le refroidit brusquement en le plongeant dans l'eau froide, il devient malléable, ductile, élastique et facile à travailler.

La *trempe* exerce donc sur le bronze une action contraire à celle qu'en éprouve l'acier. Lorsqu'on maintient pendant un certain temps en fusion les alliages de cuivre et d'étain, ce dernier métal s'oxyde plus rapidement que le premier, et peut même en être séparé entièrement, comme par un véritable grillage.

Voici la composition des variétés de bronze les plus employées dans les arts :

Métal des canons.	cuivre, 90,09;	étain, 9,91;
— des cloches	— 78,00;	— 22,00;
— des cymbales et des tamtams	— 80,00;	— 20,00;
— des miroirs astronomiques.	— 67,00;	— 33,00;
— des médailles. . . .	— 95,00;	— 4,05; zinc, 0,05.

Le bronze ne se fond ni ne se fabrique d'avance : on opère le mélange dans les fourneaux mêmes des fonderies spéciales où se coulent les pièces d'artillerie, les cloches, les statues, etc.

La facilité avec laquelle le cuivre s'altère au contact de l'air, des acides, des corps gras, et donne nais-

Fonderie de bronze de M. V. Thiébaut, à Paris.

sance à des composés vénéneux, rendrait très-dangereux l'usage des vases en cuivre rouge ou en laiton pour la préparation et la conservation des aliments, si l'on n'avait toujours la précaution de revêtir intérieurement ces vases d'une couche d'étain assez épaisse et assez homogène pour empêcher tout contact entre les matières alimentaires et le cuivre. Ce procédé constitue l'*étamage,* qui se pratique en décrassant les pièces, en les lavant avec une solution de sel ammoniac, et en y étendant, avec un linge ou un tampon d'étoupe, de l'étain fondu qui y adhère ainsi fortement. On étame aussi les épingles, mais par la voie humide. L'étamage, au surplus, ne s'applique, en général, que sur les objets fabriqués.

L'étamage est d'invention fort ancienne, et c'est, dit M. Hœfer, à nos ancêtres les Gaulois qu'on en est redevable. « Les airains étamés des Gaulois s'appelaient, dit cet auteur, *vasa incoctilia.* Dans la ville d'Alise, on substitua l'argent à l'étain pour étamer les objets d'airain. Les habitants de Bourges (*Bituriges*) argentaient jusqu'à leurs voitures, leurs litières et leurs chariots[1]. »

Qu'on vienne après cela déclamer contre le luxe moderne, et qu'on ose dire que les Gaulois étaient des barbares !

---

[1] *Histoire de la chimie,* t. Ier.

XIII

Le plomb. — La galène.

Le *plomb* est un métal gris bleuâtre, doué d'un vif
éclat lorsqu'il vient d'être coupé ou gratté, mais qui
se ternit promptement au contact de l'air, en se recouvrant d'une couche jaunâtre d'oxyde. Cet oxyde
se convertit bientôt en carbonate, qui est blanc; en
sulfure, qui est noir; ou en quelque autre sel, selon
que l'atmosphère est chargée d'acide carbonique,
d'hydrogène sulfuré ou d'autres gaz pouvant réagir
chimiquement sur le plomb. L'oxydation de ce métal
est très-rapide lorsqu'il est en fusion; elle est plus
rapide encore si on le porte à la chaleur rouge;
mais la couche d'oxyde qui se forme est toujours
très-mince, et le métal reste pur en dessous, préservé
qu'il est du contact de l'air par la pellicule qui couvre
sa surface.

Le plomb entre en fusion à 325°; à 333°, il est
tout à fait liquide. Il bout à la chaleur rouge; néanmoins on n'est point parvenu à le distiller. Il cristallise, par le refroidissement lent, en octaèdres réguliers. La cristallisation paraît exercer une grande
influence sur la sonorité du plomb. Cette sonorité,
en effet, est nulle lorsque le métal a été battu et laminé; mais elle devient comparable à celle du bronze

quand le plomb a été fondu, puis coulé en forme de calotte sphérique et abandonné à un refroidissement très-lent.

Le plomb pur est très-mou, et se laisse facilement rayer avec l'ongle et couper avec un couteau. Il est très-malléable et très-ductile à froid ; on peut le réduire, par le martelage ou le laminage, en feuilles extrêmement minces, et l'étirer en fils très-déliés. Sa ténacité est faible : un fil de plomb de 2 millimètres de diamètre rompt sous une charge de 9 kilogr. ; un fil de 3 millimètres ne peut supporter 15 kilogr.

Le plomb laminé n'est pas plus tenace que le plomb simplement coulé. Seulement le premier s'allonge et se file, pour ainsi dire, avant de rompre, tandis que le second se brise tout d'un coup, et présente une cassure nette et grenue.

La pesanteur du plomb, bien que proverbiale dans le langage vulgaire, n'est que de 11,445 lorsqu'il est pur. Encore le plomb du commerce, qui renferme presque toujours des traces de métaux étrangers (fer, cuivre, argent), n'a-t-il qu'une densité de 11,352, que le martelage même n'augmente pas sensiblement.

Nous avons vu que le plomb s'oxyde facilement à l'air ; il s'oxyde également dans l'eau, à moins que ce liquide ne contienne des sels en dissolution. Les acides l'attaquent à froid, et surtout à chaud, et donnent avec lui naissance à des sels en général très-vénéneux, dont quelques-uns reçoivent néanmoins, soit dans les arts, soit en médecine, des applications plus ou moins importantes. Tels sont notamment la céruse (carbonate), l'oxychlorure et les acétates de plomb. Les oxydes de ce métal (*massicot, minium, litharge*) sont employés dans l'industrie, ainsi que plusieurs autres de ses composés naturels ou artificiels.

Le meilleur dissolvant du plomb est l'acide azotique. L'acide chlorhydrique ne l'attaque que difficilement; il en est de même de l'acide sulfurique, qui ne s'unit au plomb que lorsqu'il est très-concentré, et avec l'adjuvant d'une température élevée. C'est pourquoi l'on opère dans des chambres en plomb la préparation en grand de l'acide sulfurique ordinaire au moyen de l'acide sulfureux, de l'acide azotique et de la vapeur d'eau.

Le plomb se trouve en abondance dans la nature; mais il n'existe que très-exceptionnellement à l'état natif, puisqu'on n'en cite qu'un seul échantillon bien authentique : celui qui fut trouvé par le savant danois M. Rathké, parmi les laves de l'île de Madère. Il n'y a aussi qu'un seul minerai de plomb duquel on puisse extraire ce métal en quantités notables, et dont l'exploitation en grand soit rémunératrice. C'est la *galène,* ou sulfure de plomb naturel. Le plomb carbonaté, qu'on rencontre en quelques endroits, et qu'on ne laisse pas d'exploiter à cause de l'argent qu'il contient, provient lui-même de la décomposition du sulfure, qu'il accompagne souvent sans former jamais seul des gîtes étendus.

La galène ressemble par son aspect à la *blende*

(sulfure de zinc) et à la plombagine. Elle possède un éclat métallique très-prononcé. Sa couleur est plus claire que celle du plomb. Sa cassure laisse voir tous les degrés de cristallisation, depuis les larges facettes laminaires offrant des ébauches de cubes, jusqu'à la texture grenue la plus fine. Sa poudre, projetée sur des charbons ardents, se décompose : le soufre brûle et se convertit en acide sulfureux, et ce n'est qu'après sa disparition complète qu'on voit les gouttelettes de plomb se former et se réunir en un globule métallique.

La galène contient d'ordinaire une proportion d'argent, qui peut s'élever jusqu'à 0,033, comme dans les minerais d'Endrasberg et du Harz, tandis qu'elle n'est que de 0,0004 à 0,0005 dans ceux du Commeren (grand-duché du Rhin), et d'Adra (Espagne). Les variétés de galène argentifère sont très-nombreuses. Il existe aussi des galènes antimoniées, ferrifères ou *martiales,* et enfin zincifères.

Les gisements de galène ont une connexion non douteuse avec les roches ignées, et appartiennent à la série plutonique intermédiaire, qui comprend les porphyres, les serpentines, etc. Les gangues qui sont le plus ordinairement mélangées avec ce minerai sont : le quartz, la pyrite de fer, le sulfate de baryte, la blende, le fer arsenical. Ces matières influent beaucoup sur le mode de préparation que doit subir le minerai avant d'être soumis aux opérations métallurgiques.

La gangue, pour être exploitable, doit contenir au moins 5 p. 0/0 de galène; encore faut-il que, dans ces conditions, le filon soit facile à attaquer, et que la galène elle-même puisse donner 0,001 p. 0/0 d'argent. Dans les roches dures, où le minerai est ordinairement plus grenu et plus riche en argent, la teneur du filon en galène doit être de 10 p. 0/0.

Au sortir de la mine, la galène, débarrassée par le cassage du plus gros de sa gangue, est réduite en morceaux uniformes dont on fait deux parts : l'une de minerai riche, qui peut être immédiatement soumis à la calcination; l'autre de minerai pauvre, qui doit être préalablement bocardé. Le minerai ainsi préparé prend le nom de *schlick*. La plus grande partie est destinée à l'extraction du plomb par les procédés que nous allons indiquer; mais une partie aussi est livrée directement au commerce sous le nom d'*alquifoux*, pour l'usage des potiers, qui en font la couverte vernissée de leurs vases de terre et de grès. C'est aussi à l'état de schlick que la galène est expédiée des lieux d'extraction, pour y être fondue dans les usines établies à cet effet en beaucoup de pays, où l'on trouve plus d'avantage à extraire le plomb du minerai qu'à le faire venir du dehors.

Avant de passer aux fours de calcination, le schlick est criblé et lavé; ce qui a pour but d'en séparer le sable et de réunir les parties métallifères. Les procédés en usage pour le traitement de la galène sont au nombre de trois principaux. Le premier consiste à griller le minerai et à faire réagir le sulfate et l'oxyde de plomb résultant de ce grillage sur le sulfure de plomb non décomposé. Ce traitement est celui qu'on applique, en Bretagne, en Carinthie, dans le Derbyshire et le Northumberland, aux minerais riches et peu siliceux. Le second procédé consiste à réduire la galène par le charbon, non toutefois sans l'avoir préalablement grillée au contact de l'air, pour transformer le sulfure en oxyde et en sulfate de plomb. Enfin dans le troisième procédé, qui convient pour les galènes très-siliceuses, on chauffe le minerai, dans des fourneaux à réverbère, avec de la ferraille ou avec de la fonte granulée : le fer s'empare du soufre et se transforme en sulfure très-fluide, qui s'écoule avec le plomb métallique fondu. Les deux liquides sont recueillis dans le même récipient; mais ils se séparent spontanément, grâce à la différence de leurs densités, le plomb allant au fond, et le sulfure de fer restant à la surface.

Le plomb résultant de la réduction des minerais porte le nom de *plomb d'œuvre*. Il est généralement allié à une certaine quantité d'argent qu'il peut être avantageux d'extraire, et qui même constitue quelquefois tout le bénéfice de l'opération. Cette opération s'opère par la coupellation; mais auparavant il est bon de faire cristalliser le plomb. Un ingénieur anglais, M. Patrickson, a remarqué, en effet, que si l'on fait fondre le plomb argentifère et qu'on le laisse refroidir lentement, les cristaux qui se forment contiennent à peine des traces d'argent, et que la presque totalité du précieux métal se retrouve dans la masse non cristallisée. La coupellation elle-même consiste à griller au contact de l'air, dans une capsule ou *coupelle*, le plomb argentifère qui s'oxyde, se convertit en *litharge*, et laisse un culot d'argent pur.

La litharge produite dans cette opération peut être livrée au commerce, ou convertie en *minium* et en *massicot*, ou enfin réduite par le charbon, qui régénère le plomb métallique.

Le plomb a été connu à une époque très-reculée. Seulement les naturalistes anciens en admettaient trois espèces : le plomb blanc (*plumbum album*), qui n'était autre que l'étain; le plomb gris (*plumbum cinereum*), qui était probablement le bismuth; et le plomb noir (*plumbum nigrum*), ou plomb proprement dit.

Les alchimistes avaient dédié le plomb au vieux Saturne, — un dieu suranné, que la mythologie elle-même avait dès longtemps mis à la retraite; — ils rangeaient dédaigneusement le plomb parmi les métaux vils, et s'évertuaient à le transformer en métal noble (argent ou or).

Le plomb, il est vrai, n'a pas une grande valeur, et il est abondamment répandu dans la nature; mais ce n'est pas là une raison de le mépriser : au contraire. Il nous rend chaque jour, on le sait, par lui-même et par ses composés, des services de plus d'un genre. Il est seulement regrettable que ces composés soient tous vénéneux, et que ce métal lui-même ait été choisi, de préférence à tout autre, pour la fabrication des balles de fusil et de pistolet. Le *plomb homicide* est donc malheureusement une expression qui n'est que trop bien justifiée.

Il y a des gisements de plomb à peu près dans tous les pays du monde. En France, nous avons les mines du Poullaouën et du Huelgoët (Finistère); celles de Pont-Gibaud (Puy-de-Dôme); de Vialas (Lozère); de Pontpéan (Ille-et-Vilaine), etc. Nous avons en outre les mines d'Algérie, qui sont très-nombreuses, et qui attendent que nous trouvions le moment opportun pour en tirer parti.

Le sol de l'Espagne, si riche en métaux, est sillonné de filons de galène qui présentent cette particularité fort curieuse, que tous ceux qui sont dirigés du nord au sud sont argentifères, tandis que les autres, affectant une direction perpendiculaire aux premiers, sont plutôt aurifères. Malheureusement la plupart de ces filons n'ont jamais été exploités. D'autres, où les travaux avaient été commencés, et qui promettaient de magnifiques résultats, ont été abandonnés par suite de la mauvaise administration des entreprises. Il existe cependant quelques mines en activité dans les provinces de Zamora, de Barcelone, de Jaen, et en Andalousie.

L'Italie, moins favorisée de la nature, sait du moins profiter du peu qu'elle possède, et ses mines de Voralo, de Cingio et du Bottino sont exploitées avec intelligence.

L'Allemagne produit de grandes quantités de plomb. Il existe en Prusse plusieurs mines, dont la plus importante est celle de Commern, sur la rive gauche du Rhin. Les pays allemands les plus riches en mines de plomb sont, du reste, le grand-duché de Bade, la Bavière rhénane, la Saxe, le Harz et la Silésie. La production des mines du Harz, notamment, s'est élevée jusqu'à 300 millions de kilogr. de plomb, et 8,500 kilogr. d'argent.

Les mines de plomb sont très-nombreuses en Angleterre, et presque toutes donnent une forte proportion d'argent. Les grandes exploitations sont dans le Cumberland, le pays de Galles, le Derbyshire et le Yorkshire.

L'extraction et la métallurgie du plomb prennent aussi aux États-Unis une importance croissante. Les principales mines sont situées dans le Missouri et dans le Massachusets. Une des plus anciennes et des plus productives est celle de la Motte, qui est exploitée depuis plus d'un siècle, et qui s'étend sur un espace d'environ 80,000 acres.

Lavage du minerai de plomb à Houlgate (Morbihan).

XIV

Le bismuth et ses composés.

Le *bismuth*, qu'on désigne communément sous le nom d'*étain de glace*, est un métal cassant, facile à réduire en poudre. Sa texture est lamelleuse. Sa couleur est un blanc gris, avec une teinte rougeâtre qui devient surtout sensible lorsqu'on le place à côté d'un échantillon de quelque autre métal gris, tel que le zinc ou l'antimoine. Sa densité est 9,9. Il fond à 264°, et ne se volatilise qu'à une très-haute température. On l'obtient aisément, par voie de fusion, lorsqu'il est pur, en cristaux très-beaux et très-volumineux. Ces cristaux sont des trémies pyramidales formées par la réunion de lames disposées en degrés d'escaliers; ils présentent des teintes irisées dues à une pellicule très-mince d'oxyde qui se forme à leur surface, par suite de l'exposition du métal encore chaud au contact de l'air.

A la température ordinaire et au contact prolongé de l'air humide, le bismuth se recouvre d'une pellicule semblable; mais il ne s'altère point à l'air sec. Chauffé au rouge, il brûle avec une petite flamme bleuâtre, en répandant des fumées jaunes. Il est difficilement attaqué par l'acide chlorhydrique concentré; il l'est plus aisément, à chaud, par l'acide sulfurique.

L'acide azotique l'attaque avec énergie et le dissout complétement. Lorsqu'on ajoute de l'eau dans cette dissolution, il se précipite une poudre blanche qui n'est autre chose que le *sous-nitrate* ou *sous-azotate de bismuth*, dont nous parlerons tout à l'heure.

Le bismuth était connu des anciens; mais ceux-ci, comme nous l'avons vu au chapitre précédent, le confondaient avec le plomb et l'étain. Il se rencontre dans la nature à l'état de combinaison avec le soufre, l'arsenic, l'oxygène, l'acide carbonique, mais surtout à l'état métallique ou natif. Ce dernier minerai est seul assez abondant pour donner lieu à une exploitation régulière. Il forme des filets sous les roches quartzeuses qui constituent les filons des terrains anciens. On le trouve en Souabe, en Bohême, en Saxe, en Suède, dans les mines de plomb de Poullaouën (Bretagne), et dans la vallée d'Ossau (Pyrénées). Mais c'est la Saxe qui produit la presque totalité du bismuth employé dans les arts. Le procédé d'extraction consiste simplement à chauffer le minerai dans des tuyaux de tôle disposés sur un plan incliné, dans un four en maçonnerie. Le métal, en fondant, se sépare de sa gangue et s'écoule, par la partie inférieure des tubes, dans des capsules chauffées avec quelques charbons. On le puise dans ces capsules avec une cuiller pour le couler dans des moules. On obtient ainsi des pains orbiculaires du poids de 10 à 12 kilogrammes.

Le bismuth est fort employé dans les arts. Il fait

partie de plusieurs alliages. Son amalgame remplace
bien celui d'étain pour l'étamage des glaces. Allié à
l'étain même, il le rend plus dur, mais aussi plus
cassant, et fournit un métal dont on fait des couverts
et d'autres ustensiles de ménage. Mais ses applications les plus curieuses, et, si l'on peut ainsi dire, les
plus spéciales, sont fondées sur la propriété qu'il possède de former, avec diverses proportions de plomb
et d'étain, un métal connu sous le nom de *métal* ou
alliage de d'Arcet, et qui fond à des températures
très-basses, même à celle de l'eau bouillante. Cet
alliage, dont on a fait pendant quelques années des
rondelles fusibles, destinées à prévenir les explosions
des chaudières à vapeur, n'est plus guère employé
aujourd'hui que par les dentistes pour plomber les
dents, et par les mouleurs pour prendre des em-
preintes de médailles.

L'oxyde de bismuth entre dans certaines préparations pour teindre les cheveux en noir. En effet, bien
qu'il soit naturellement blanc, il a, ainsi que les sels
du même métal, la propriété de noircir sous l'influence du soufre, qui le convertit en sulfure. La dissolution azotique de bismuth sert, en vertu de cette
même propriété, à préparer une *encre sympathique*,
qui noircit lorsqu'on expose le papier au contact de
l'hydrogène sulfuré. Il faut convenir que cette sorte
d'encre oblige ceux qui y ont recours à des nécessités
qui n'ont rien de poétique; car ils doivent avoir toujours en provision un flacon d'hydrogène sulfuré pour

exposer à ses émanations fétides la chère missive; —
à moins qu'ils ne préfèrent aller la lire en un certain
endroit. Encore faut-il que cet endroit ne soit pas
inodore, — sans quoi l'encre n'y noircirait pas.

Le précipité de *sous-nitrate de bismuth,* que nous
avons mentionné ci-dessus, est généralement connu
dans le commerce sous le nom de *blanc de fard.* On
l'appelait aussi jadis, dans les officines, *magistère de
bismuth,* et très-improprement *oxyde de mercure.* Ce
sel est très-blanc, pulvérulent, à peine soluble dans
l'eau. Réduit en poudre très-fine et parfumé avec
diverses essences, il est employé, comme l'indique
son nom vulgaire, pour donner à la peau une blancheur artificielle; mais sa propriété de noircir par
l'hydrogène sulfuré peut avoir, dans certains cas,
pour les personnes qui l'emploient, les conséquences
les plus fàcheuses, et parfois les plus ridicules. Aussi
lui préfère-t-on maintenant les poudres végétales,
telles que la farine de riz ou l'amidon. Le sous-
azotate de bismuth trouve d'ailleurs, en médecine,
des applications beaucoup plus sérieuses et plus bien-
faisantes. On l'administre avec succès contre certaines formes de la diarrhée et contre les névroses
de l'estomac.

XV

Le mercure. — Le cinabre et le vermillon. — Le protoxyde
de mercure. — Le fulminate de mercure.

Le *mercure* est le seul métal qui soit naturellement liquide, et il conserve cet état même à des
températures très - basses, puisqu'il ne se solidifie
qu'à — 40°. Cette singulière propriété, jointe à sa
blancheur et à son vif éclat, a de tout temps frappé
vivement l'imagination, et fait considérer le mercure comme un métal privilégié, presque comme une
substance surnaturelle. Les Grecs et les Romains
appelaient *argent vif* le mercure natif, et *hydrar-
gyre* celui qui était extrait du cinabre. Ils l'appelaient
aussi métaphoriquement *liquide éternel,* évidemment
parce qu'ils ne savaient pas le solidifier, — et *poison de
toutes choses;* ce qui prouve que ses propriétés vénéneuses leur étaient parfaitement connues. Mais c'est
surtout au moyen âge, dans les théories mystiques
des alchimistes, qu'on voit le mercure prendre une
importance singulière et jouer un rôle capital. C'est
pour eux l'*eau divine,* le principe et l'essence des
métaux, l'*écume de toute forme;* ils le désignaient
aussi quelquefois sous les pseudonymes bizarres de
bile de dragon et de *lait d'une vache noire.*

Néanmoins les propriétés réelles et les usages industriels du mercure étaient assez bien connus au

moyen âge, et même dans l'antiquité. Dioscoride et Pline décrivent le procédé d'extraction de ce métal. « Le mercure, dit à son tour Vitruve, sert à beaucoup de choses; car on ne peut sans le mercure bien dorer ni l'argent ni le cuivre. » Et, plus tard, le chimiste arabe Geber (Yabar-al-Koufi), qui vivait au VIIIe siècle, écrivait dans sa *Somme de perfection du magistère :* « Le mercure se rencontre dans les entrailles de la terre. Il n'adhère pas aux surfaces, sur lesquelles il coule vivement. Les métaux auxquels il adhère le mieux sont : le plomb, l'étain et l'or; il s'amalgame également avec l'argent, et très-difficilement avec le cuivre. Quant au fer, il n'y adhère que par un artifice qui est un grand secret de l'art. Tous les métaux nagent sur le mercure, excepté l'or, qui tombe au fond. Le mercure sert principalement dans l'application de l'or pour la dorure[1]. »

Ces indications sont exactes, et la chimie moderne n'a fait que les compléter.

Le mercure, nous l'avons dit, est doué d'un très-vif éclat, et ressemble beaucoup à l'argent par sa couleur, bien qu'il ait un léger reflet bleuâtre. Lorsqu'il est solide, la ressemblance est encore plus frappante. Le mercure est alors un métal très-brillant, malléable, facile à travailler avec le marteau, et dont on peut aisément frapper des médailles. Il fait quelquefois, dans les pays septentrionaux, un froid assez intense

---

[1] F. Hœfer, *Histoire de la chimie,* t. Ier.

pour congeler le mercure; mais dans nos laboratoires, on le solidifie à l'aide de divers mélanges ré-
frigérants. Il n'est, du reste, d'aucun usage en cet
état. Sa densité ou pesanteur spécifique est de 13,596
lorsqu'il est liquide et à la température de 0°; elle a
été trouvée de 14,4 à une température un peu inférieure à celle où il se congèle. Il bout à 350° du ther-
momètre à air. Il est même volatil à la température
ordinaire, mais trop faiblement pour que la tension
de sa vapeur puisse être mesurée. Au contact de l'air,
il absorbe à la longue une certaine quantité d'oxygène,
et se couvre d'une petite pellicule grisâtre d'oxydule
ou de sous-oxyde de mercure. Il n'est attaqué ni par
l'acide chlorhydrique concentré, ni par l'acide sulfurique étendu; mais ce dernier, concentré, l'attaque
avec le secours de la chaleur; il se forme alors du
sulfate de protoxyde de mercure, et il se dégage de
l'acide sulfureux. L'acide azotique, même étendu, et
à la température ordinaire, attaque aussi le mercure;
il se forme de l'azotate de mercure, et il se dégage du
deutoxyde d'azote, l'acide azotique ayant, comme
l'acide sulfurique, cédé une partie de son oxygène au
métal pour le transformer en oxyde.

Le mercure n'est point altéré par les acides faibles.
Il attaque et dissout lui-même un grand nombre
de métaux, notamment l'or, l'argent, l'étain, le
plomb, etc., et forme avec eux les alliages connus
sous le nom générique d'*amalgames*, qui sont liquides ou solides, ou simplement mous, suivant les

proportions de leurs éléments constituants. Cette propriété du mercure est utilisée pour un grand nombre d'opérations chimiques, métallurgiques et industrielles, notamment pour l'extraction de l'or et de l'argent de certains minerais, pour la dorure et l'argenture par l'ancien procédé, enfin pour l'étamage des glaces. Les amalgames se décomposent facilement par la chaleur; le mercure se volatilise, et le métal fixe reste seul.

Le mercure ne paraît pas exister dans la nature en très-grande abondance; et, bien que l'emploi qui s'en fait soit très-restreint si on le compare à celui des métaux usuels, et même de l'or et de l'argent, il se maintient toujours à des prix assez élevés. On le rencontre à l'état natif, mais toujours dans le voisinage de quelque gisement de cinabre, et provenant, selon toute probabilité, de la décomposition de ce sulfure par quelque action chimique souterraine.

Le *cinabre* est la seule combinaison naturelle du mercure qui soit exploitée. Ce corps, appelé aussi *sulfure rouge de mercure* et, improprement, *deutosulfure* ou *bisulfure* de mercure, est, en réalité, un protosulfure, comme il résulte de sa formule $Hg\,S$, qui indique un équivalent de métal et un équivalent de soufre. Sa densité est de 8,1 à la température ordinaire. Il est sans odeur ni saveur, insoluble dans l'eau, inaltérable à l'air. L'hydrogène, le charbon et un grand nombre de métaux le décomposent facilement. Les acides non oxydants ne l'attaquent qu'avec peine ; mais il est vivement attaqué par l'acide azotique et par l'eau régale. Chauffé en vase clos, il se volatilise sans qu'on le voie passer par l'état liquide, et sa vapeur, qui est d'un jaune brun, se condense, par le refroidissement, en petites aiguilles d'un beau rouge vif. En le chauffant au contact de l'air, on le décompose. Il se dégage de l'acide sulfureux et du mercure en vapeur.

Outre le cinabre natif, dont nous indiquerons tout à l'heure les gisements, on trouve dans le commerce du cinabre préparé artificiellement. Cette fabrication s'opère en grand dans les usines où l'on se livre à l'exploitation métallurgique du minerai. A Idria, par exemple, on met dans de petites tonnes en bois 100 parties de mercure et 18 parties de soufre pulvérisé. On fait tourner les tonnes, pendant trois ou quatre heures, horizontalement autour de leur axe, et l'on obtient ainsi le sulfure noir, qu'on nomme *œthiops minéral*. Ce sulfure est ensuite sublimé dans des vases de fonte recouverts de chapiteaux en terre cuite, sur les parois desquels le cinabre se condense en cristaux rouges.

On traite de même le sulfure naturel, qui est toujours d'un rouge brun ou violacé, pour obtenir le cinabre propre à être livré au commerce. C'est seulement lorsque le cinabre naturel ou artificiel a été finement pulvérisé et même additionné d'un peu de sulfure alcalin, que sa couleur acquiert son maximum d'intensité, et qu'il constitue proprement le *vermillon,* si recherché, comme on sait, pour la peinture d'art à l'huile ou à l'aquarelle.

Le cinabre natif se trouve dans les terrains primitifs et dans les couches inférieures des terrains secondaires, ainsi que dans le grès rouge et dans le calcaire qui recouvre cette roche. Il se présente tantôt sous la forme de prismes hexaèdres réguliers et translucides, d'un rouge plus ou moins foncé, tantôt en masses compactes, feuilletées ou testacées, d'un rouge violacé. D'autres fois il offre une texture fibreuse d'un éclat soyeux; enfin, il existe aussi à l'état terreux et pulvérulent. Ses principaux gisements sont à Ulana, en Hongrie; dans les duchés des Deux-Ponts, en Toscane; aux environs d'Idria, en Carniole, et à Almaden, en Espagne. Il en existe aussi des mines assez riches dans plusieurs provinces de l'empire chinois, au Mexique, au Pérou et en Californie. Les mines d'Almaden sont situées non loin de Cordoue. Elles paraissent avoir été exploitées dans l'antiquité, et fournissent encore au commerce d'énormes quantités de cinabre et de mercure métallique. Les mines de la Californie, découvertes il y a peu d'années, sont aussi très-riches. Les mines dites du nouvel Almaden, notamment, semblent inépuisables. Mais la plus grande partie du mercure qu'elles produisent reste dans le pays pour être employé au traitement des minerais d'or et d'argent.

En France, on a trouvé du mercure natif à Réalmont (Tarn), et dans le sous-sol même de la ville de

Montpellier. Le gisement de Réalmont a paru susceptible d'une exploitation avantageuse. Celui de Montpellier avait été signalé pour la première fois, en 1760, par l'abbé Sauvage. « Nous devons remarquer comme une circonstance singulière, disait Pachevin en 1803, que la ville de Montpellier est bâtie sur une mine de mercure vierge. » La même observation fut faite, en 1830, par Marcel de Serres et par Leymerie. Enfin, dans le cours de l'année 1858, des travaux exécutés sur la place du Marché au poisson, pour la construction d'une nouvelle halle, ont mis à découvert une partie de ce gisement. Est-il possible d'en tirer parti? Une semblable exploitation, en tout cas, ne serait pas sans difficulté, et ce serait sans doute le premier exemple d'une mine creusée au beau milieu d'une grande et populeuse cité.

Le mercure est employé dans la construction des baromètres, des thermomètres et des manomètres; on s'en sert aussi pour l'extraction des métaux précieux, pour la dorure et l'argenture du cuivre, du laiton, etc.; pour l'étamage des glaces; enfin pour la préparation de quelques produits chimiques. On y a recours dans les laboratoires pour recueillir et manipuler les gaz solubles dans l'eau. Plusieurs de ses composés reçoivent des applications dans les arts et en médecine [1]. Nous parlerons seulement ici de son protoxyde et de son fulminate.

[1] Voyez, relativement aux chlorures de mercure, notre livre des *Poisons*.

Oxyde de mercure. On connaît deux oxydes de mercure : un oxydule ou sous-oxyde, qui est gris noirâtre et sans usages, et un protoxyde, représenté par la formule chimique $Hg O$, qui a été désigné dans la droguerie et la pharmacie sous les noms divers de *mercure corallin, précipité rouge* ou *per se, poudre de Jean Vigo,* etc. Il est encore étiqueté, dans les officines, *pulvis principis* et *oxydum hydrargyricum.*

Cet oxyde est d'une belle couleur rouge-orangé, lorsqu'il est récemment préparé ou conservé avec soin dans des flacons opaques; mais, exposé à la lumière, il se ternit et prend une teinte noirâtre en se réduisant en sous-oxyde. Son hydrate est jaune. Il est presque insoluble dans l'eau, un peu plus soluble dans l'alcool. Sa saveur est âcre et désagréable. Il est vénéneux comme la plupart des mercuriaux, et ne s'emploie qu'à l'extérieur, comme cathérétique. On le prépare en décomposant par la chaleur l'azotate de mercure, jusqu'à ce qu'il ne se dégage plus de vapeurs vitreuses et qu'on aperçoive même dans la masse quelques globules métalliques. C'est ainsi qu'on l'obtient en une poudre cristalline d'un beau rouge orangé.

Fulminate de mercure. Ce sel, éminemment explosible, appelé aussi *poudre fulminante* et *mercure fulminant de Howard,* fut découvert en 1799 par le chimiste anglais Howard. Il résulte de la combinaison du protoxyde de mercure avec l'*acide fulminique,* qui est lui-même un composé de cyanogène et d'oxygène

Fabrication du fulminate de mercure.

(sa formule chimique est $Cy\,O = C^2\,Az\,O$), et qui doit son nom à sa singulière propriété de donner naissance, avec les oxydes de certains métaux, à des substances qui éclatent avec une extrême violence sous le choc, et quelquefois sous le plus léger frottement. Le fulminate de mercure se présente sous la forme d'une poudre cristalline d'un blanc jaunâtre. On le prépare en traitant l'azotate de protoxyde de mercure par l'alcool. On fait actuellement, dans le monde entier, une assez grande consommation de ce sel pour la fabrication des amorces fulminantes. On ne l'emploie cependant que mélangé avec du salpêtre (azotate de potasse), afin d'atténuer sa force explosive.

XVI

L'argent. — Ses composés. — Ses minerais.

L'*argent* est, à mon gré du moins, le plus beau de tous les métaux. Je préfère sa blancheur irréprochable à la couleur jaune de l'or, qu'il surpasse aussi par son éclat éblouissant. Pourquoi donc la royauté a-t-elle été de tout temps et sans conteste décernée à l'or? Pourquoi, aujourd'hui même, l'argent n'occupe-t-il que le second rang, et même le troisième (après le

platine) parmi les métaux précieux? C'est qu'il ne
suffit pas d'avoir reçu la beauté en partage ; il y faut
joindre ce qui la rend durable, l'incorruptibilité. Et
l'argent, sous ce rapport, laisse à désirer. Il se ternit
et perd sa blancheur sous l'influence des vapeurs
acides, et surtout des vapeurs sulfureuses. C'est ce
que l'observation la plus vulgaire permet de constater tous les jours. Une cuiller, une fourchette d'argent, en contact avec des œufs, noircit aussitôt. Les
petites spatules de même métal, dont on se sert pour
prendre du sel dans une salière, noircissent également. C'est que l'argent se sulfure et se chlorure avec
une extrême facilité. Les acides énergiques l'attaquent
et le dissolvent: l'acide azotique, à froid ; les acides
sulfurique et chlorhydrique, avec le secours de la
chaleur.

Mais ces défauts, ces faiblesses, sont rachetés par
de précieuses qualités. Je n'insiste plus sur la blancheur immaculée de l'argent, sur l'éclat qu'il acquiert
par le poli. Je ferai remarquer cependant qu'à cet
éclat se rattachent des propriétés de l'ordre positif, qui
ne sont pas à dédaigner. D'abord, on peut faire avec
l'argent des miroirs d'une grande pureté, et d'une
fidélité à l'abri de tout soupçon. Ensuite, l'argent
poli réfléchit la chaleur aussi bien que la lumière ;
et comme le pouvoir émissif des corps est en raison
inverse de leur pouvoir absorbant, il s'ensuit qu'un
vase d'argent bien poli conserve la chaleur des liquides qu'il contient plus longtemps que ne pourrait

faire un vase de cuivre ou d'étain. Cela n'empêche pas que l'argent ne soit d'ailleurs, après l'or et le platine, celui de tous les métaux qui conduit le mieux la chaleur et l'électricité.

Il a une sonorité particulièrement agréable et *sui generis,* qui est devenue proverbiale. On dit : « Un son argentin, » et même, « un rire argentin. » Il est plus dur, mais en même temps beaucoup plus léger que l'or. Sa densité est de 10,5. Il entre en fusion à 1,000° environ (22° du pyromètre de Wedgwood), et à cette température il commence sensiblement à se volatiliser. Sa ténacité est considérable, puisqu'un fil d'argent de 2 millimètres de diamètre ne rompt que sous une charge de 85 kilogr. Sous le rapport de la ductilité et de la malléabilité, il se place immédiatement après l'or. On peut l'étirer en fils tellement fins, qu'un de ces fils, assez long pour entourer le globe terrestre, ne pèserait pas plus de 16 kilogr. On peut aussi le réduire en feuilles assez minces pour que 300 de ces feuilles, superposées, atteignent à peine une épaisseur totale de... *un millimètre!*

Convenons donc que ce métal mérite bien la popularité, le respect dont il a été honoré chez tous les peuples, depuis l'origine de la civilisation. « L'argent, dit M. Alph. Bonneville, est le plus parfait et le plus précieux de tous les métaux, après l'or et le platine. Connu de toute antiquité, ses rares qualités l'ont fait choisir de bonne heure pour servir de matière monétaire, et l'accord de tous les peuples sur ce point est un fait très-remarquable[1]. »

Ce choix unanime de l'argent et de l'or comme instruments suprêmes de l'échange et signes représentatifs de la richesse absolue prouvent aussi, contrairement à l'opinion peu réfléchie des personnes par trop étrangères à la science économique, que la monnaie n'est pas une chose de pure convention, et qu'il n'est pas indifférent de la fabriquer avec telle ou telle matière. C'est une marchandise-type, qui doit réaliser un certain nombre de conditions très-difficiles à trouver réunies dans une seule et même substance : valeur intrinsèque considérable sous un petit volume, facilité de transport, uniformité, inaltérabilité, etc. Sans quoi la monnaie, n'équivalant à rien, ne pourrait plus rien représenter; il n'y aurait plus de monnaie, et l'on serait réduit à faire les échanges en nature, ce qui serait parfaitement incommode, et même complétement impraticable.

Voilà pourquoi les métaux précieux nous rendent des services très-réels, et tellement importants, que si, par impossible, ils venaient à nous manquer, nous serions fort embarrassés de les remplacer. Ils reçoivent d'ailleurs, en dehors de la fabrication des monnaies, des applications très-nombreuses, et dont personne ne contestera l'utilité.

L'argent, notamment, est pour nous l'élément

---

[1] *Dictionnaire universel du commerce et de la navigation;* art. ARGENT.

essentiel d'un genre de luxe qui n'a rien d'immoral, au contraire; car ce luxe s'appelle la propreté et la santé. Il n'est, par exemple, indifférent à personne, que je sache, de manger avec un couvert sinon en argent massif, au moins argenté, ou avec un couvert d'étain ou de fer battu. N'oublions pas que l'argent est, avec le bronze, une des matières premières dont les arts d'ornement, expression élevée du génie de l'homme, savent tirer le plus heureux parti, et qu'il ne contribue pas moins aux progrès et à la diffusion de l'esthétique qu'à la circulation et au développement de la richesse matérielle. Il est aussi fort utile pour l'étude expérimentale des sciences physiques; car il entre dans la construction d'un grand nombre d'instruments de précision et d'appareils en usage dans les laboratoires.

Enfin, l'argent a permis à l'art du chirurgien, de l'orthopédiste et du dentiste de réaliser, pour la guérison ou la correction des infirmités humaines, de véritables merveilles.

Ce que je dis de l'argent s'applique également à l'or, « ce vil métal » dont nous ne médisons jamais que comme on a coutume de faire des absents, qui ont toujours tort. Cessons donc d'injurier l'argent et l'or; et, sans en faire non plus un objet de convoitise, sachons leur rendre justice; tâchons surtout de les gagner honnêtement, de nous contenter d'un peu si nous n'en pouvons avoir beaucoup, et, si nous en avons en abondance, d'en faire un noble usage.

Mais que le lecteur veuille bien me pardonner
d'avoir oublié un instant que je suis ici pour faire de
la chimie et non de la morale. Je me hâte de revenir
à la chimie, et j'ajoute que l'argent est encore utile
par quelques-uns de ses composés. Je citerai seulement le sel qu'il forme en se combinant avec l'acide
azotique, après s'être préalablement oxydé à ses dé-
pens.

Ce sel, l'*azotate d'argent,* est un des réactifs que
le chimiste doit toujours avoir sous la main. Il est
vénéneux, et mérite à cet égard le nom terrible de
pierre infernale, que lui donnent les médecins et les
pharmaciens. Mais l'énergie même de son action sur
les tissus organiques, qu'il brûle littéralement en se
réduisant à leur contact, rend, dans beaucoup de
cas, son secours très-précieux. Il sert à cautériser,
à cicatriser presque instantanément les plaies, les
morsures de mauvais caractère. Parfois même on
l'administre à l'intérieur, notamment contre l'épi-
lepsie. Il est alors absorbé; il passe dans la circulation, et tend à être éliminé par les émonctoires naturels, notamment par la transpiration cutanée. Il
communique alors à la peau une teinte bistre ou
même noirâtre plus ou moins intense, et presque in-
délébile.

« Les réactions chimiques sont ici complexes, dit
M. Ch. Flandin : d'une part, avec les matières de la
transpiration, qui contiennent du soufre, il doit se
former du sulfure d'argent; de l'autre, en présence

des matières organiques et sous l'influence de la lumière, il doit se faire des réductions partielles d'argent. La teinte noire ou bistre de la peau résulte de ces actions ou réactions chimiques. »

C'est en vertu de ces mêmes actions chimiques exercées sur l'azotate d'argent par le contact des matières organiques sous l'influence de la lumière, que ce sel tache la peau en noir, et qu'il sert à préparer l'encre à marquer le linge. Cette encre n'est qu'une dissolution d'azotate d'argent et de gomme arabique. Avant de s'en servir, on encolle le linge avec un autre linge contenant de l'amidon et un peu de carbonate de soude. On écrit ensuite avec une plume d'oie. Le carbonate de soude précipite sur le linge de l'oxyde d'argent qui, sous l'influence de la lumière, prend une coloration noire intense, et qui ne craint ni savonnage ni lessive.

L'argent n'est pas répandu dans la nature avec une très-grande profusion; il est même assez rare, et surtout assez difficile à isoler en quantités notables. Ses minerais les plus riches, — hormis l'argent natif, — n'en contiennent jamais qu'une proportion peu considérable; mais ces minerais sont nombreux et de diverses espèces. Ce sont, — outre les galènes argentifères dont nous avons parlé en nous occupant du plomb, — l'argent natif, — le sulfure d'argent, — le sulfure d'argent combiné avec d'autres sulfures métalliques, — les chlorure, iodure, arséniure, tellurure et séléniure d'argent, — le carbonate d'argent, — les antimoniure, aurure et amalgame d'argent, etc.

C'est, en général, dans les terrains anciens, que l'on trouve les minerais argentifères. Cependant on a rencontré aussi dans les roches calcaires quelques filons susceptibles d'être exploités. On ne peut guère citer, en France, que deux mines d'argent : celles d'Allemont (Isère) et de Sainte-Marie-aux-Mines (Vosges). Pour ce qui est du reste de l'Europe, il existe des mines d'argent en Silésie, en Hongrie, en Transylvanie, en Saxe, en Bohême, en Espagne, en Piémont, dans le nord de l'Angleterre, en Suède. L'Asie septentrionale en possède aussi ; mais leur production est peu connue. On sait seulement que la Russie tire du Céleste-Empire de grandes quantités d'argent en lingots ; que les mines des districts de Kolyvan et Nertschinsk, en Sibérie, sont d'un très-bon rapport, et que les sables aurifères de l'Oural contiennent aussi de l'argent.

« Les Cordillères des Andes, dans les deux Amériques, dit M. Alph. Bonneville, contiennent des gisements argentifères d'une puissance remarquable. »

Humboldt a donné sur ces mines des détails d'une rare exactitude, qui les ont fait connaître parfaitement. C'est là que se trouvent les filons si renommés de Guanaxato, de Sombrerete, de Zacatecas, le bassin de Yauricocha ou de Pasco, et la montagne de Potosi, dont la richesse est demeurée proverbiale.

D'après les calculs de M. Michel Chevalier, le nou-

Puits d'une mine d'argent au Mexique.

veau monde a fourni, depuis Christophe Colomb jusqu'en 1848, 122,050,724 kilogr. d'argent fin, exempt
de tout alliage, formant la substance de 27 mil-
liards 122 millions de francs. Au Mexique, dans les
mines d'argent les plus riches du monde, la teneur
moyenne des minerais est de 0,0018 à 0,0025, et
l'argent extrait contient de $\frac{1}{200}$ à $\frac{1}{500}$ d'or. Enfin, on
exploite en Californie plusieurs gisements argenti-
fères d'une grande richesse.

« Dans presque toutes ces mines, formées principalement, en Europe, de sulfure d'argent, et, dans
l'Amérique espagnole, de sulfure et de chlorure d'argent ordinairement disséminés dans des argiles ferrugineuses, qu'on nomme *pacos* au Pérou et au Chili,
et *colorados* au Mexique, dit M. Girardin, l'argent
se montre à l'état natif, tantôt en cristaux isolés ou
réunis en forme de belles végétations, tantôt en filets, grains, ou masses amorphes, dont le volume
varie singulièrement. On en cite du poids de 25 à
30 kilogr., et même de plusieurs myriagrammes. On
a rencontré une masse d'argent natif du poids de
10 myriagrammes dans les filons de la mine de
Kongsberg en Norwége; et en 1748, à Schneeberg,
en Saxe, on en trouva une qui pesait plus de
1,000 myriagrammes. On raconte qu'Albert de Saxe,
étant descendu dans la mine, fit apporter son dîner
sur ce bloc, et dit aux convives : « L'empereur Frédéric est sans doute un puissant seigneur; mais
convenez que ma table vaut mieux que la sienne. »

Les procédés d'extraction de l'argent peuvent se réduire à deux : la coupellation et l'amalgamation. Le premier consiste à incorporer l'argent au plomb, si l'on n'a déjà affaire à du plomb argentifère, puis à oxyder le plomb par la chaleur au contact de l'air, et à séparer finalement l'argent de la litharge par voie de fusion.

Dans le second procédé, on sépare l'argent de sa gangue en traitant le minerai par le mercure, puis on élimine celui-ci en chauffant l'amalgame à 350°. Le mercure se volatilise, et l'argent reste dans les cornues.

L'argent qui sert à la fabrication des monnaies et des objets d'art ou d'orfévrerie n'est jamais pur : on l'allie toujours à une petite quantité de cuivre, qui augmente sa dureté et sa résistance à l'usure. C'est la proportion de cet alliage qui constitue ce qu'on nomme le *titre* de l'argent. Ce titre a été fixé, en France, par la loi du 19 brumaire an VI. Il est d'autant plus élevé que l'alliage renferme plus d'argent. Le titre des monnaies était, d'après cette loi, de $\frac{900}{1000}$; c'est-à-dire que les monnaies ne devaient contenir que $\frac{1}{10}$ de cuivre; il a été dernièrement réduit à $\frac{830}{1000}$ en vertu d'une convention monétaire conclue entre la France, la Belgique, la Suisse et l'Italie. Le titre des médailles, de la vaisselle plate et de l'argenterie est de $\frac{950}{1000}$; celui des bijoux est de $\frac{800}{1000}$; enfin celui de la soudure pour les objets en argent va de $\frac{670}{1000}$ à $\frac{880}{1000}$. Seulement, comme il n'est guère possible d'ob-

tenir juste les proportions voulues par la fusion des
deux métaux, la loi accorde, soit au-dessus, soit au-
dessous du titre rigoureux, une tolérance de 2 à 5
millièmes. C'est pour garantir au public que les objets en argent vendus chez les orfévres et les bijoutiers sont bien en argent au titre légal, que ces objets
sont contrôlés et poinçonnés à la Monnaie.

XVII

L'or. — Ses composés. — Ses minerais. — Les terres de l'or.

Salut, roi des métaux, objet du culte servile des
uns, du mépris suspect des autres ; également ca-
lomnié par tes adorateurs et par tes détracteurs !
Ceux-là ont fait de toi plus qu'un roi : un tyran, une
idole, une sorte de Moloch auquel il faut tout sacri-
fier. Ceux-ci, sans tenir aucun compte du bien qui
s'accomplit par toi, t'ont rendu responsable de tout le
mal qu'on te fait faire. Mais tu n'as mérité

> Ni cet excès d'honneur ni cette indignité.

Qu'est-ce, après tout, que l'or? Un métal plus
brillant, plus pesant et plus inaltérable que les autres
métaux. A ces titres, il méritait bien le premier rang
qui lui a été décerné. Il n'est pas *la richesse ;* mais il

est incontestablement *une richesse*, et l'on ne pouvait assigner à un plus digne le rôle honorable de représenter, de symboliser et de mesurer la valeur (je parle, bien entendu, de la valeur économique).

« La prééminence de l'or sur les autres métaux, dit très-bien M. le professeur Girardin, provient non-seulement de sa rareté, mais aussi de ses précieuses qualités. Pourvu d'une magnifique couleur, acquérant par le poli un très-vif éclat, inaltérable par la plupart des agents, l'air, le soufre, les gaz, les acides, recevant toutes les formes avec une merveilleuse facilité, en raison de sa mollesse, de sa malléabilité et de sa ductilité, qui sont portées au plus haut degré, ses applications sont et peuvent être innombrables, soit pour la confection des ustensiles de première nécessité, soit pour les exigences du luxe le plus raffiné.

« Il n'est pas étonnant qu'un métal aussi précieux que l'or ait été l'objet des recherches les plus persévérantes des alchimistes, qui se flattaient sans cesse de pouvoir le créer dans leurs opérations, et d'en obtenir un remède universel. Pour les médecins arabes et les adeptes du moyen âge, l'or ou le *soleil* possédait des propriétés surnaturelles. Ils le faisaient porter en amulettes pour égayer les mélancoliques, et comme préservatif contre la lèpre. L'immersion du métal rouge de feu dans les tisanes suffisait pour leur communiquer une vertu cordiale. Pour restaurer les malades épuisés, ils leur administraient le fameux *bouil-*

lon d'or, qui consistait en un ducat cuit pendant 24 heures avec une vieille poule ou un vieux coq; ou ils saupoudraient leurs mets de poudre d'or.

« On ne saurait croire le nombre de préparations dites *solaires,* dont malgré leur nom, et à cause de leur vicieuse confection, l'or ne faisait pas toujours réellement partie. L'une des plus célèbres était la *liqueur d'or* ou les *gouttes d'or* du général Lamotte, si renommées sous Louis XV, qu'on les vendait un louis la goutte. Mais, de toutes les vertus dont on l'avait gratifié, l'or, aux yeux des médecins modernes, n'en conserve plus que quelques-unes, sur la réalité desquelles on n'élève aucun doute. Sa poudre, ses oxydes, et surtout son chlorure, sont utilisés avec succès dans le traitement des affections lymphatiques[1]. »

Tous les auteurs de traités de chimie se croient obligés de dire que l'or est ordinairement opaque et jaune : ils pourraient s'en dispenser, car tout le monde sait cela. Mais ce que tout le monde ne sait pas, c'est que, réduit en feuilles extrêmement minces, l'or devient transparent, vert par transmission, et rouge par réflexion.

L'or occupe le premier rang parmi les métaux pour la ductilité et la malléabilité, et le second (après le platine) pour la densité. La ténuité des fils qu'on peut en tirer n'a, pour ainsi dire, pas de limite, et

---

[1] *Leçons de Chimie élémentaire,* t. Ier, 30e leçon.

l'on a réussi à le réduire par le battage en feuilles dont l'épaisseur représente au plus un millième de millimètre. Sa pesanteur spécifique est de 19,258 quand il est fondu, et de 19,367 lorsqu'il est écroui. Il est moins tenace que le fer, le cuivre, le platine et l'argent : un fil d'or de 2 millimètres de diamètre rompt sous une charge de 68 kilogr.

L'or fond à 32° du pyromètre (environ 1,200° centigrades) ; il ne se volatilise qu'à la flamme du chalumeau à mélange d'oxygène et d'hydrogène. L'or est encore plus mou que l'argent ; aussi est-on obligé, pour le rendre applicable à la fabrication des monnaies, des bijoux et des objets d'orfévrerie, de l'allier à une petite quantité de cuivre ou d'argent. L'or ainsi préparé s'apprécie, comme l'argent, selon son *titre*.

Autrefois le titre s'exprimait en *onces*, *gros* et *grains*, ou en *carats* et *trente-deuxièmes* de carat. Ainsi l'or chimiquement pur était dit à 24 carats ; s'il contenait $\frac{1}{24}$ d'alliage, il était à 23 carats, et ainsi de suite. Aujourd'hui le titre des matières d'or s'évalue en millièmes. Le titre légal des monnaies d'or est de $\frac{900}{1000}$. Les monnaies représentent des valeurs de 100, 50, 40, 20, 10, et 5 francs. L'effigie qu'elles portent regardent toujours en sens contraire de celle des autres monnaies ; ce qui permet de les distinguer aisément le soir à la lumière, ou même au toucher, abstraction faite du poids de la pièce.

Pour vérifier le titre de l'or, on l'*essaye*. L'essai

exact est une véritable analyse chimique, qui consiste en une opération assez délicate et compliquée :
la *coupellation*. L'essai approximatif se fait au moyen
de la pierre de touche. Voici comment :

L'essayeur frotte la pièce d'or sur la pierre, où le
métal laisse une trace brillante. A côté de cette trace
il en fait d'autres avec de petites lames (*touchaux*) de
divers alliages, dont les titres lui sont connus ; puis il
mouille toutes ces traces à l'aide d'une baguette de
verre trempée dans un mélange de 98 p. d'acide
azotique, 2 p. d'acide chlorhydrique, et 25 p. d'eau
distillée. Un opérateur expérimenté détermine assez
exactement le titre cherché, en comparant l'action
que cette liqueur d'essai exerce sur les traces des
touchaux et sur celles de la pièce soumise à l'essai.

L'or est le plus inaltérable de tous les métaux. Ni
l'air, ni l'eau, ni les alcalis, ni le soufre, ni les acides
même les plus énergiques, pris isolément, ne peuvent
rien sur lui. Son seul dissolvant est le mélange
d'acide azotique et d'acide chlorhydrique, auquel ce
privilége a valu le nom d'*eau régale,* et qui fait passer l'or à l'état de sesquichlorure ($Au^2 Cl^3$). C'est la
dissolution de ce sel dans l'éther qui constituait l'*or
potable,* une des panacées de l'ancienne médecine.
Le chlore, le phosphore et l'arsenic sont d'ailleurs
les seuls corps qui puissent se combiner directement
avec l'or sous l'influence de la chaleur.

La substance connue dans les arts sous le nom de
pourpre de Cassius, et qui sert à produire sur les

émaux, la porcelaine et le cristal de belles teintes
roses ou rouges, paraît être une combinaison de stannate d'or et de stannate d'étain. On la prépare, soit en
chauffant du protoxyde d'or avec une dissolution de
stannate de potasse; soit en évaporant au bain-marie
une dissolution de 20 gr. d'or dans 100 gr. d'eau régale, en la reprenant ensuite par l'eau et en ajoutant
dans la liqueur des fragments d'étain; soit enfin en
fondant ensemble dans un creuset 1 p. d'or, 1/2 p.
d'étain et 4 ou 5 p. d'argent, et en traitant cet alliage
par l'acide azotique, qui dissout l'argent et laisse les
oxydes d'or et d'étain à l'état de combinaison.

L'or est un métal naturellement cosmopolite. « Il a,
dit M. Girardin, une ubiquité qui ne le cède qu'à
celle du fer; » mais tandis que celui-ci est un des
métaux les plus abondants, l'or est, au contraire, un
des plus rares. Comme il n'a d'ailleurs que très-peu
d'affinité pour les autres corps, simples ou composés,
on le trouve toujours, soit à l'état natif, soit à l'état
de combinaison avec le tellure ou avec l'arsenic.

L'or natif lui-même n'est jamais pur; il est toujours allié à l'argent, quelquefois au palladium, à
l'iridium, au fer, au cuivre. Ce minerai, beaucoup
plus répandu que l'or telluré, se montre dans trois
positions géologiques distinctes : tantôt il forme des
gîtes particuliers; tantôt il fait partie de dépôts métallifères; tantôt enfin il est disséminé dans les sables
d'alluvion.

Dans les gîtes particuliers, l'or natif a d'ordinaire

pour gangue le quartz ; il est alors en grains, ou en cristaux cubiques ou octaédriques formant des *dendrites,* ou ramifications brillantes. C'est ainsi qu'on le rencontre dans quelques provinces du Mexique, du Pérou, de la Nouvelle-Grenade, du Brésil ; au mont Rose (Piémont) ; dans le pays de Salzbourg, et dans la vallée d'Oisans (Dauphiné).

Dans les dépôts métallifères, tels que les mines d'argent de la Hongrie, de la Transylvanie, du Tyrol, du Pérou, de la Nouvelle-Grenade, du Mexique, les mines de cuivre du Harz et de la Suède, les mines de fer pyriteux du Piémont, de Freyberg (Saxe), de Bérézowsk (Sibérie), de Marmato (Nouvelle-Grenade), l'or natif est disséminé en menus cristaux ou en parcelles imperceptibles.

Enfin, dans les terrains d'alluvion et les sables de transport, qui fournissent la plus grande partie de l'or employé dans le monde entier, et qui proviennent de la désagrégation des roches cristallines, le précieux métal se trouve en paillettes ou grains arrondis, quelquefois en masses plus volumineuses, qui prennent le nom de *pépites.*

Plusieurs fleuves ou rivières ont été signalés comme charriant de l'or avec le sable de leur lit. On vantait autrefois la richesse du Pactole, petite rivière de Lydie, qui prenait sa source dans le mont Tmolus. Au temps de Pline, on recueillait aussi des paillettes d'or dans le Tage, le Pô, l'Hèbre, le Rhône et le Gange. On en trouve encore aujourd'hui dans plusieurs fleuves de l'Europe, mais surtout dans l'Oural et l'Altaï.

Les hommes qui font métier de trier le sable de ces fleuves pour en retirer l'or sont appelés *orpailleurs* : rude et ingrat métier ; car il leur faut souvent remuer et laver 3 à 4 mille mètres cubes de gravier pour avoir 1 kilogr. d'or, valant un peu plus de 3,000 fr.

Les alluvions anciennes qui occupent, dans certaines contrées de l'ancien et du nouveau monde et de l'Australie, de vastes étendues, sont beaucoup plus riches qu'aucun des lits de fleuves que nous venons de nommer. Ce sont là les véritables mines d'or, les *placers* où les chercheurs d'or ont du moins la chance de trouver dans des profits considérables une compensation aux fatigues, aux privations et aux dangers de leur vie aventureuse. Les principaux de ces dépôts arénacés aurifères sont : en Chine, dans l'Indo-Chine, dans les îles de l'Archipel et de la Sonde ; au sud du Sahara et dans le Cordofan, en Afrique ; au Brésil, au Chili, en Colombie, au Mexique, en Californie ; dans les provinces australiennes de la Nouvelle-Galles du Sud et de Victoria, et dans la Tasmanie.

Les procédés en usage pour extraire l'or de sa gangue et de ses minerais consistent essentiellement à broyer, s'il y a lieu, et à laver la roche aurifère. Dans l'Amérique espagnole, ce travail est exécuté à grand'peine, et au moyen d'appareils très-grossiers, par des nègres ou par des Indiens. Le produit du lavage n'est jamais de l'or pur. Pour séparer ce dernier, il faut employer le mercure, qui le dissout, et qu'on élimine ensuite par distillation.

« En Californie et en Australie, on emploie depuis quelques années une méthode analogue à celle qui est suivie en Tyrol et dans la basse Hongrie. Cette méthode exige l'emploi d'une machine dont l'invention est due à M. Berdan, de New-York, et qui, du même coup, broie, lave et amalgame le minerai. Quatre bassins en fonte sont réunis sur un même bâti et animés d'un mouvement rapide de rotation. On met dans chaque bassin, avec le minerai quartzeux grossièrement concassé, du mercure et deux lourds boulets en fonte, qui remplissent le rôle de pilons, et réduisent promptement la roche la plus dure en poudre presque impalpable. En même temps que le broyage s'exécute, un filet d'eau coule constamment dans les bassins, qui sont chauffés par dessous au moyen de petits fourneaux. La poudre pierreuse reste en suspension dans l'eau, tandis que l'or tombe au fond et se dissout dans le mercure.

« Chaque bassin, dit M. Girardin, permet de traiter de 5 à 6 mille kilogr. de minerai dur par 24 heures, et exige une force motrice de 6 chevaux. On assure que l'extraction de l'or par cette méthode est tellement supérieure à ce qu'on obtient communément des meilleurs procédés anciens, que les résidus des lavages ordinaires rendent, dans la machine de Berdan, plus d'or qu'on n'en avait tiré du minerai vierge à la première opération. »

La découverte de nouvelles *terres de l'or,* dont l'exploitation a presque doublé en quelques années la quantité d'or circulant sur tous les marchés du monde, est sans contredit un des événements les plus mémorables de notre siècle. Rien de comparable ne s'était vu depuis la découverte même du nouveau monde.

La Californie et l'Australie sont aujourd'hui rangées parmi les quatre grandes contrées productrices de l'or; les deux autres sont : l'Amérique centrale et méridionale, et la Russie. En 1856, la Californie avait produit 120,600 kilogr. d'or, représentant une valeur de 398 millions; et l'Australie, 109,000 kilogr., valant 345 millions. Notez que presque chaque année on découvre quelque part de nouveaux *champs d'or.* Tous, il est vrai, ne promettent pas des trésors aussi inépuisables, et tous ne tiennent pas non plus ce qu'ils ont paru promettre; mais la production de l'or n'en suit pas moins, depuis une vingtaine d'années, une marche constamment progressive. En 1866, on a reconnu que « l'or est plus ou moins répandu sur toute la surface de Bornéo. (*Annales des Mines.*) » Serait-ce là encore une nouvelle terre de l'or? On ne saurait, jusqu'au moment où j'écris, décider cette question.

Lorsqu'on pénétrait dans le palais de l'Exposition universelle de 1867 par la porte d'Iéna, on remarquait à droite, à l'entrée de la grande nef (section anglaise), un monument dont la forme pyramidale

Exploitation d'un placer en Australie.

aiguë n'avait rien d'agréable, mais qui ne laissait pas d'attirer les regards par ses dimensions et par sa couleur. Les dimensions étaient gigantesques; la couleur était celle de l'or. Sur le piédestal en bois de cette chose jaune et pointue qui semblait vouloir percer le toit de l'édifice, on lisait l'inscription suivante :

« Cette pyramide en plâtre doré, exposée par les « commissaires de la colonie de Victoria, a 3 m. 50 « de côté à la base, et 19 m. 34 de hauteur. Elle re- « présente par son volume (2,081 1/3 pieds cubes « anglais) la masse d'or extraite sur le territoire de « la colonie durant une période de quinze ans (de « 1851 à 1866), et qui est de 36,514,361 onces, va- « lant 3,651,136,000 fr. »

Déjà, en 1862, au palais de Kensington, la même colonie avait fait dresser une pyramide semblable, représentant la quantité d'or extraite de ses *gold-fields*, et dont la totalité avait été importée dans la métropole. Cette pyramide était haute de 45 pieds anglais, et sa base avait 4 pieds de côté. Son volume était de 1,492 1/2 pieds cubiques; son poids, ou, pour mieux dire, le poids du métal dont elle n'offrait que la vaine apparence, était de 26,162,432 onces, ou 1,783,995 livres, ou 800 tonnes 17 quintaux 3/4, 17 livres, ou 743,773 kilogr., et sa valeur, de 104,649,728 livres sterling, ou 2,616,243,200 fr. Sur ses faces étaient figurés en relief les plus grosses pépites trouvées à Victoria et les lingots coulés avec ces pépites pour l'exportation. La pyramide de 1867 n'était pas aussi instructive que sa devancière. Elle témoignait d'ailleurs d'un ralentissement assez sensible dans la production des placers de Victoria.

Une autre colonie anglaise, la Nouvelle-Écosse, avait voulu exposer aussi, en 1867, son simulacre d'or ; mais celui-ci aurait pu tenir aisément sur la cheminée d'un salon : il ne représentait qu'une masse métallique de 2,635 kilogr., et une valeur d'un peu plus de 8 millions. Une bagatelle ! Il est vrai que cette minime quantité d'or avait été recueillie entre les mois de janvier 1862 et septembre 1866.

XVIII

Le platine. — Le palladium.

Le *platine* fut introduit en Europe par Charles Wood, métallurgiste anglais, qui publia ses observations en 1749. Il était connu auparavant en Amérique, notamment au Pérou. On en trouvait dans les sables aurifères de ce pays ; mais, loin de songer à l'utiliser, le gouvernement espagnol le faisait jeter dans les rivières voisines des placers, de peur qu'on ne s'en servît pour falsifier l'or. Il s'en perdit, de la sorte, des quantités énormes. Enfin pourtant, le Sué-

dois Scheffer étudia le platine avec attention et en
fit connaître les précieuses qualités. Les Espagnols
avaient donné dédaigneusement à ce métal le nom
de *platina* (petit argent), qu'il a conservé.

Le platine est, en effet, d'un blanc qui, quoiqu'un
peu grisâtre, le fait ressembler à l'argent. Il acquiert
par le poli un assez bel éclat. Il est très-ductile et
très-malléable. Wollaston était parvenu à l'étirer à
$\frac{1}{1200}$ de millimètre de diamètre. Sa ténacité est extrême : un fil de platine de 2 millimètres de diamètre supporte sans se rompre une charge de 125,500
grammes.

Ce métal, lorsqu'il est pur, se laisse rayer à l'ongle
et couper au couteau, comme le plomb. Mais, malgré
ce peu de consistance, il résiste aux plus violents feux
de forge, et n'a pu de longtemps être fondu qu'en
très-petites quantités, par la flamme du chalumeau
à mélange d'oxygène et d'hydrogène, et par la pile.

M. H. Sainte-Claire Deville est parvenu récemment
à obtenir, au moyen d'appareils très-simples, des
températures tellement élevées, qu'elles permettent
de fondre les métaux les plus réfractaires (le platine
en tête), et par conséquent de les soumettre à des
opérations auparavant impraticables. C'est ainsi que,
dans le cours de ses beaux travaux entrepris de con-
cert avec M. Debray, M. Sainte-Claire Deville a pu
préparer un nouvel alliage de platine, d'iridium et de
rhodium, qui est doué de propriétés plus précieuses
encore que celles du platine même. Ainsi cet alliage

est notablement plus dur et plus inattaquable par les réactifs que le platine pur.

Le platine est le plus pesant de tous les métaux. Sa densité varie de 21,47 à 21,53. C'est aussi, après l'or, le plus inaltérable : l'eau régale formée de 75 p. d'acide chlorhydrique à 15°, et de 25 p. d'acide azotique à 35°, est la seule liqueur acide qui puisse le dissoudre ; mais la potasse, la soude et quelques autres alcalis l'attaquent également, sous l'influence de la chaleur. On peut allier le platine avec quelques autres métaux, tels que le mercure, l'or, l'iridium, le palladium, le rhodium, etc. Il s'amalgame même à froid, lorsqu'il est très-divisé.

Bien qu'il ne possède ni la belle couleur de l'or, ni l'éclatante blancheur de l'argent, le platine, à cause de sa ténacité, de son infusibilité, de son inaltérabilité, ne mérite pas moins que ces deux métaux le titre de métal précieux. Il rend à l'industrie et aux sciences, de grands services ; et si l'on songe qu'il est seul propre à plusieurs applications d'une haute importance, on ne pourra s'empêcher de regretter que sa rareté ne permette pas d'en faire un emploi plus étendu.

Comme aucun autre métal ne conduit mieux l'électricité, on en forme les pointes de paratonnerres. On en fait des capsules, des creusets, des spatules et divers ustensiles de laboratoire, ainsi que des cornues ou alambics pour la distillation de l'acide sulfurique.

Les opticiens, les bijoutiers, les orfévres et les dentistes l'emploient aussi quelquefois, mais ordinairement à l'état d'alliage.

Le platine métallique se présente sous différents aspects : il est spongieux, terne et de couleur grisâtre, lorsqu'on l'a obtenu en calcinant son chlorure ammoniacal. On lui donne alors le nom d'*éponge de platine*. Lorsqu'on le précipite d'une de ses dissolutions, il est noir et pulvérulent, et s'appelle *noir de platine*.

L'éponge et le noir de platine jouissent de deux propriétés singulières : la première, c'est de déterminer, par leur seule présence, la combinaison des corps ; la seconde, c'est d'opérer la condensation des gaz avec un dégagement considérable de chaleur ; ce qui, au contact de l'air, provoque l'inflammation immédiate des gaz combustibles, tels, par exemple, que l'hydrogène. Le noir de platine absorbe jusqu'à 75 fois son volume de ce gaz.

Le platine du commerce n'est presque jamais d'une pureté parfaite. Il contient, en général, 25 p. 0/0 d'iridium et de palladium, dont la métallurgie en grand n'a pu le débarrasser, et qui, du reste, ont l'avantage d'augmenter sa dureté sans amoindrir ses autres qualités.

Le minerai de platine se trouve dans les terrains arénacés, où l'on rencontre aussi l'or et le diamant. C'est un alliage ou un mélange de platine, de palladium, d'osmium, de rhodium, de fer magnétique, de cuivre, etc., qui est mêlé au sable sous forme de grains irréguliers ou arrondis, de paillettes, et rarement de pépites. On en a cependant trouvé quelquefois des masses pesant jusqu'à 8 et 10 kilogr. L'exploitation de ces minerais a naturellement pour objet de séparer le platine des autres métaux auxquels il est uni. L'opération est compliquée et difficile.

On a recours, pour effectuer la séparation, à deux procédés distincts : l'un, par la *voie sèche,* consiste à mélanger le minerai avec de l'acide arsénieux et de la potasse, et à chauffer très-fortement le composé qui en résulte (ce procédé est généralement abandonné aujourd'hui); l'autre, par la *voie humide,* a été indiqué par Vauquelin et Wollaston. C'est celui que l'on suit dans toutes les exploitations de quelque importance. Nous le ferons connaître sommairement.

On broie le minerai préalablement lavé; on le débarrasse du fer magnétique qu'il renferme en promenant, au-dessus de la poudre étalée sur un plateau, un aimant auquel toutes les particules de fer viennent s'attacher. On chauffe ensuite la poudre, pour chasser le mercure par évaporation. Enfin, on la traite par une eau régale contenant de l'acide azotique en excès, et qu'on étend d'eau pour qu'elle dissolve le moins possible d'iridium, ce métal ayant l'inconvénient de rendre le platine cassant. Il se dégage alors des vapeurs acides, qui sont entraînées au dehors par une cheminée à tirage énergique. On arrête l'opération lorsque la liqueur cesse de se colorer en jaune; on sépare la dissolution du résidu par décantation, après l'avoir laissée s'éclaircir par un repos suffisamment prolongé; on l'évapore presque à siccité; on la reprend à froid par une dissolution de sel ammoniac, et l'on obtient un précipité de *chloroplatinate d'ammoniaque,* qui, recueilli, lavé, séché et calciné, donne le platine en éponge.

Pour convertir l'éponge de platine en lingots, on commence par la broyer et en faire, avec de l'eau, une sorte de pâte qu'on nomme *boue de platine.* Cette boue, bien égouttée et séchée sur un tamis, est introduite dans un tube en laiton ou en fer légèrement conique, fermé à sa partie inférieure par une plaque d'acier; on l'y comprime fortement avec un mandrin de même métal. Le platine acquiert déjà, de cette façon, avec son aspect métallique, beaucoup de cohésion et une grande densité. On achève le travail en chauffant le lingot au rouge blanc, et en le battant sur une enclume. Malgré son infusibilité, le platine se soude très-bien avec lui-même par le martelage, à la température du rouge blanc.

Les principaux gisements de platine sont dans l'Amérique méridionale et en Sibérie. On cite au premier rang : dans la Colombie, les fleuves Choco et Pinto, dont les sables contiennent beaucoup de minerai de platine en paillettes et en grains, et les mines de Santa-Rosa et de Papayan; au Brésil, les gisements de Matto-Grosso et de Minas-Geraës. Les mines de Sibérie, et surtout celles des monts Ourals, fournissent assez abondamment des grains et des pépites de minerai platinifère, qui pèsent quelquefois plusieurs livres.

On a découvert, en outre, il y a quelques années, des mines de platine à Bornéo et en Californie. On assure aussi que les galènes d'Alloux de Grand-Neuville (Charente) et de Melle (Deux-Sèvres) contiennent du platine. Mais le commerce d'Europe en général, et le commerce français en particulier, ne tirent actuellement le platine que de l'Amérique du Sud et de la Sibérie. Celui d'Amérique arrive à l'état de minerai, en parcelles brillantes, arrondies comme des cailloux roulés par les eaux, et plus ou moins mélangées de sable et de gravier. Il vaut de 650 à 680 fr. le kilogr.

Le minerai de Sibérie est en grains plus gros et plus irréguliers que le précédent; il est aussi moins blanc, moins brillant, plus difficile à purifier; mais la presque totalité est mise en œuvre à la Monnaie de Saint-Pétersbourg, d'où il est expédié dans les autres pays sous forme de lingots mal affinés, ou de pièces de monnaie brisées. Le platine pur, en lingots, vaut environ 1,000 fr. le kilogr.

Nous avons cité, parmi les métaux auxquels le platine est souvent allié, le *palladium*. C'est, en effet, dans le minerai de platine, où il entre pour une proportion de $\frac{1}{200}$ environ, que le chimiste anglais Wollaston découvrit, en 1803, le palladium. Ce métal se place au nombre des métaux précieux, entre l'argent et le platine, dont il se rapproche par plusieurs de ses propriétés. Il égale presque l'argent en blancheur et en éclat, et le surpasse de beaucoup en inaltérabilité. Il n'entre en fusion qu'aux plus hautes températures des feux de forge; à la chaleur blanche, on peut aisément le forger et le souder. Il est ductile et malléable, s'étire en fils très-fins, et se réduit en feuilles extrêmement minces. Il n'est attaqué ni par l'oxygène, ni par la plupart des agents chimiques. L'acide sulfurique est sans action sur lui, et l'acide azotique seul ne le dissout qu'à chaud; mais comme l'or, l'argent et le platine, il se dissout aisément à froid dans l'eau régale. Sa densité est de 11,5 à 11,8.

On voit que le palladium serait en état de rendre à l'industrie et aux arts d'immenses services, si malheureusement sa rareté, la difficulté de son extraction et, par suite, son prix, de beaucoup supérieur à sa valeur intrinsèque, n'en restreignaient l'usage dans de très-étroites limites. Cependant il est devenu moins rare dans le commerce, depuis qu'on est parvenu à le retirer de certains minerais d'or, notamment de l'*auro-poudre* du Brésil. Ce pays et les autres terres de l'or en fournissent des quantités assez notables, qui sont utilisées surtout par les fabricants d'instruments de précision, pour la construction des échelles divisées des instruments d'astronomie. Le limbe divisé d'un des grands cercles de l'observatoire de Paris est en palladium. Les dentistes en font aussi un usage assez fréquent pour monter les dents et les rateliers postiches; mais ils ne l'emploient qu'allié à l'argent, dans la proportion de $\frac{1}{10}$.

Il serait à désirer que les recherches si actives des nombreux mineurs qui explorent et exploitent, dans le nouveau monde et en Australie, les gisements de métaux précieux, amenassent la découverte de minerais riches en palladium, et que les chimistes parvinssent à rendre plus facile et moins coûteuse l'extraction de ce métal, dont l'introduction dans le domaine de l'industrie serait un véritable bienfait. Nul doute que le palladium ne laissât bien loin en arrière l'aluminium, objet naguère de tant d'espérances, dont la plupart n'étaient que des illusions.

FIN

TABLE

DEUXIÈME PARTIE. — Les Métaux. 213

117. — Tours. Impr. MAME.

www.ingramcontent.com/pod-product-compliance
Lightning Source LLC
Chambersburg PA
CBHW061114220326
41599CB00024B/4034